形象与传播
基于人、媒体与营销的多维视角

赵雪情　著

中国民族文化出版社

北　京

图书在版编目（CIP）数据

形象与传播：基于人、媒体与营销的多维视角／赵

雪情著. -- 北京：中国民族文化出版社有限公司，

2024.7.（2025.6 重印）

-- ISBN 978-7-5122-1929-8

Ⅰ. B834.3；G206.2

中国国家版本馆 CIP 数据核字第 2024E40N39 号

形象与传播：基于人、媒体与营销的多维视角

XINGXIANG YU CHUANBO：JIYU REN、MEITI YU YINGXIAO DE DUOWEI SHIJIAO

作　　者　赵雪情

责任编辑　张　宇

责任校对　李文学

出 版 者　中国民族文化出版社　　地址：北京市东城区和平里北街 14 号

　　　　　邮编：100013　联系电话：010-84250639　64211754（传真）

印　　装　三河市同力彩印有限公司

开　　本　787mm ×1092mm　1 /16

印　　张　9

字　　数　190 千

版　　次　2025 年 6 月第 1 版第 2 次印刷

标准书号　ISBN 978-7-5122-1929-8

定　　价　49.80 元

序

  传播是一种信息传递或扩散的现象或者活动。传播无处不在：蚂蚁在爬行时通过信息素向后面的同伴传递信息，让同伴沿着它的爬行路线一起组队觅食；读者随手拿起身边的书开始阅读，头脑便开始对接收的信息进行解码，并总是按照自己更倾向的方式进行释码，然后按照这种释码形成的意义继续和书本交流；当一则通知被起草，传递到不同部门；当遥远国度的风景通过电视转播展现在我们面前，让我们足不出户即能领略遥远的千山万水之外的风景；当我们从朋友新换的发型中感受到她的好心情……传播现象泛在于自然界与社会中，我们的生活亦离不开传播活动。

  传播者、媒介、信息和受众组成了最基本的传播活动，传播者通过媒介把信息传递给受众，受众及时给予传播者反馈，即为双向传播，受众没有或较少给予传播者反馈即为单向传播。一对一的人际交流也叫人际传播，一对多的人际交流叫群体传播，组织内外的信息沟通叫组织传播，通过大众传播媒体比如电视、报纸等进行的信息传递叫作大众传播。

  本人长期从事形象传播和创新生态系统研究，谨以此书对前期研究做一个总结：大众传播中的传播者、媒体、内容等问题（第一章），主要关注人际传播中的传播者形象对传播效果的影响（第二章）；组织传播中组织形象对公众的影响（第三章）；以及在复杂社会系统中，通过知识的外溢实现创新扩散的机制、过程等（第四章）。

  因本人学识有限，如有错漏之处，敬请批评指正。

赵雪情

2024 年 1 月于五龙山

目　录

第一章

传播媒体研究

网络和传统媒介的受控状况及对传播的影响

网络和传统媒介由于来自内部和外部的控制程度不同，在新闻传播过程中往往呈现出自由化或规约化的倾向。那么，究竟什么是"自由化"？什么是"规约化"？自由化的新闻传播和规约化的新闻传播各具有怎样的特点？这些特点对网络和传统媒介的宣传又有什么样的影响呢？本节将主要探讨这些问题。

在进行深入探讨之前，我们首先来简要地了解一下"自由"和"规约"的哲学含义。

"自由"这个词源于西方，英语为 Freedom、Liberty。国内外学者对自由的定义有很多。霍布斯曾指出，按照其确切的意义说，自由就是外界障碍不存在的状态。海德格尔在从哲学的角度对自由进行释义时，也将自由看成一种状态，认为从超越主客观关系的真理观来看，自由就是人的存在状态。丹宁从法哲学的角度提出了"法律下的自由"的概念，即每一个守法的自然人在合法的时候不受任何其他人的干涉，有想其所愿想，说其所愿说，做其所愿做的自由。就是说，法律充分尊重自然人自决的自由，而不是强迫他接受法律代替他自身做出的选择，哪怕是选择牺牲生命的自由。虽然不同的学者对自由的解释不尽相同，但都赋予了"自由"这样一个基本涵义，即自由是人所具有的权利，在人与外界其他事物相互作用、发生关系的过程中，人具有不受他人干涉的相对独立性。

关于"规约"（Stipulations of an Agreement）一词，目前没有明确的哲学、法哲学上的界定，《现代汉语词典》中对规约的解释是，"经过相互协议规定下来的共同遵守的条款。"[①] 据此我们认为，规约是一个和自由相互对立的概念，具有规范约束、强制性等意义。

综合学者们的看法，我们认为，自由和规约都和控制相关，因为和控制的关系不同，而表现出不一样的存在状态。相对于规约而言，自由是一种部分或完全摆脱了控制束缚的状态。

理解了自由和规约的概念，认识自由化和规约化就比较容易了。一般而言，事物具有什么样的趋势，我们往往认为它是"……化"，可见，自由化是指相对而言摆脱了控制或控制程度较轻的这样一种趋势，而规约化是指事物具有受到严密控制或控制程度较重的趋势。由于传播媒介在社会生活中的特殊地位，传播媒介一直以来是自由和规约这些概念青睐的对象，随着具有现代意义的大众传播媒介的出现，对传播媒介的自由和规约的争论就

---

① 中国社会科学院语言研究所词典编辑室编. 现代汉语词典 [M]. 7 版. 北京：商务印书馆，491.

一直不绝于耳。西方普遍认可的传播自由是指：没有检查制度、许可证和政府其他的控制，以便公众有不受妨碍的自由表达的权利，自由接受新闻、思想主张、教育和文化传统的平等权利。可见，传播自由所关注的控制主要是政府控制。基于这种观点以及上文对自由、规约概念的梳理，我们认为，大众传播领域的"自由化"和"规约化"就是：由于受控程度不同而产生的两种不同的传播状态和趋势。具体说，自由化是指在信息的生产、加工和传播过程中，不受到或较少受到来自于外部和（或）内部的制约和控制（尤其是政府控制），而呈现出的一种相对不受干涉的、独立的、自由的状态和趋势。当然，自由化只是一种相对的状态，绝对的自由是不存在的。规约化是与自由化相对的概念，是指在信息的生产、加工和传播过程中，较多地受到来自于外部和（或）内部的制约和控制（尤其是政府的控制），而呈现出的一种被规范、约束的状态和趋势。

弄清楚了"自由"与"规约"、"自由化"与"规约化"的相关概念，现在我们来看看为什么说网络具有自由化的特点，而传统媒介具有规约化的特点。

一、自由化与规约化：不同控制状况下的网络和传统媒介

我们认为，正是由于控制状况的不同，网络媒介和传统媒介才各自呈现出自由和规约的状态。

（一）网络媒介和传统媒介受控方式和受控程度比较

综观目前国内外对网络媒介和传统媒介的控制现状，可以发现，对两者控制的差异主要表现在两个方面，一是控制方式的不同，二是控制程度的差异。

目前，国际上对传播活动的控制主要包括：政治控制、经济控制、受众控制、自我控制。同时，这一切控制现象都要受到文化的制约，也就是说，还存在一个文化控制的问题。不论是网络媒介还是传统媒介，都无法摆脱这几种控制方式的制约，但是，在所受控制的程度和具体操作方式上，两者存在各种差异。从实际情况看，网络媒介所受控制程度要远小于传统媒介所受控制程度。造成这种状况的原因是多方面的，但至少有两点是比较明确的：一是网络的特点使其和传统媒介相比更难被驾御；二是网络作为一个新生事物，人们对其特点的认识，对其控制方式的摸索还处在起步阶段。下面我们具体分析一下网络媒介和传统媒介所受控制的差异。

1. 政府控制

政治控制最集中地表现在政府部门对传播的限制和管理上。也就是说，政治控制主要是政府控制。政府控制的主要手段有：

（1）行政

首先来看看对传统媒介的行政制约。

我国政府通过对媒介的创办予以审批、登记，分配传播资源等一系列行政措施对媒介进行着多方面的监管。同时，在新闻媒介的内部管理和运行上，我国也采用政府领导制。党中央和地方各级党委是新闻媒介的决策机关，中央宣传部和各地党委宣传部受委托，具体领导各级新闻媒介。党委通过宣传部批准或直接任命各个新闻机构的主要负责人；制订新闻媒介的报道方针，批准各阶段的报道计划；审查关系重大的新闻报道和重要评论；监督审查财务收支情况。

网络在我国出现不久后，逐步被纳入行政制约的轨道。1997 年，国务院新闻办公室于 3 月下发了一个文件，对利用互联网开展对外宣传作了若干规定，这是政府对新闻媒介上网实施管理的第一个以文件形式出现的规定；1999 年 10 月 16 日，中共中央办公厅转发《中央宣传部、中央对外宣传办公室关于加强国际互联网络新闻宣传工作的意见》的通知，这是中央关于网络新闻宣传工作的第一个指导性文件；2000 年 5 月 9 日，中宣部、中央外宣办下发了《国际互联网新闻宣传事业发展纲要（2000—2002 年）》，提出了互联网新闻宣传事业建设的指导原则和奋斗目标，并确定了首批重点新闻宣传网站……

目前，我国相关的国家和地方主管部门，已参与了从电信基础设施建设、互联网域名资源、计算机信息系统到互联网服务提供者，以及网络媒介内容等各个方面的调控，全方位地对网络媒介实施管理和控制。其行政管理措施主要包括：对网络站点进行登记许可或备案，对违反相关法律和规章制度的个人或机构采取相应的处罚等。比如，在登记许可方面就规定：新闻单位在互联网上从事登载新闻业务，应当报国务院新闻办公室或者省、自治区、直辖市人民政府新闻办公室审核批准；综合性非新闻单位在互联网上从事登载新闻业务，应当经省、自治区、直辖市人民政府新闻办公室审核同意，报国务院新闻办公室批准。

从以上的论述可见，无论是网络媒介还是传统媒介都被置于一定的行政制约之下，但是，对两者的行政控制是否达到了同样的效果呢？答案是否定的。相比较而言，对网络媒介的行政制约不如对传统媒介那样严密、完善，目前对网络媒介的行政管理还存在许多脱节的现象。我国对网络媒介采取的是多头管理的方式：信息产业部门负责接入，国务院新闻办公室负责监管新闻传播内容，公安部则负责处罚工作。除了在开展专项治理时，如开展打击淫秽黄色专项治理，三家会成立一个联合机构进行工作外，平时一般各自为政。所以，现在的实际情况是，很多网站未办理相关手续就从事登载新闻业务工作。同时，由于我国现在从事 ISP（网络运营商）业务的单位繁多，随便一家网络公司都可以购置服务器，出租虚拟空间，也给网络管理造成了许多盲点。

（2）立法

世界各国的新闻法规大致可分为三种形式：一是以立法形式正式颁布的新闻法；二是以最高法院和上级法院的判例为标准，以此来审理新闻案件，即判例法，而没有成文的新闻法；三是把新闻法规的有关条文写入宪法、民法、刑法以及其他的专用法律条款中，我国目前采取的就是这种形式。

在我国宪法、刑法、民法、保密法、安全法等法律中都有适用于新闻传播的法律条款。从 20 世纪末起，国家也陆续出台了一些有关大众传播的规则条款。比如，1990 年的《报纸管理暂行规定》，1995 年的《广播电视管理条例》，1997 年的《出版管理条例》，1998 年，最高人民法院又公布了《最高人民法院关于审理名誉权案件若干问题的解释》等。之后，国家又陆续出台了一些相关的法律法规。由当时的实际情况决定，这些条款考虑的对象主要是传统媒介。

随着网络传播的迅速发展，对网络的立法管理不仅引起了我国，也引起了世界上其他各国的重视，世界上大多数国家先后颁布了相关的法规对网络新闻传播进行管理和控制。国际上网络信息立法的几个重要领域包括：对计算机病毒传播者的处罚，非法利用他人私人信息和数据的法律责任，打击在互联网上建立淫秽网站、网页的措施，对网络盗版和网络信息合理使用的界限等。我国也相继出台了一系列网络法规，基本构成了一个相对完整的体系，这些法律法规大致可分为以下几类：

a. 计算机信息网络管理类。如《中华人民共和国电信条例》《中华人民共和国计算机信息网络国际联网管理暂行规定》《中华人民共和国计算机信息网络国际联网管理暂行规定实施办法》。

b. 国际互联网域名管理类。如《互联网域名管理办法》《中国互联网络域名注册暂行管理办法》《中国互联网络域名注册实施细则》。

c. 计算机网络安全管理类。如《中华人民共和国计算机信息系统安全保护条例》《中华人民共和国计算机信息系统国际联网保密管理规定》《计算机信息网络国际联网安全保护管理办法》。

d. 电信管理类。如《中华人民共和国电信条例》《从事放开经营电信业务审批管理暂行办法》《放开经营的电信业务市场管理暂行规定》《电信服务规范》。

e. 网络信息服务类。如《互联网信息服务管理办法》《互联网上网服务营业场所管理条例》《互联网站从事登载新闻业务管理暂行规定》《互联网电子公告服务管理规定》《互联网出版管理暂行规定》。

f. 其他类。如《电子出版物管理规定》《中国互联网行业自律公约》《全国人民代表大会常务委员会关于维护互联网安全的决定》。

目前我国针对传统媒介和网络媒介虽然已经制定了 150 多部法律法规，但网络法律法规仍然存在不完善的地方，主要表现在我国网络信息立法还存在失衡现象，即偏重于网络管理、网络信息安全两大方面，没能完全覆盖由网络产生的各种法律问题，许多重要而实际的网络问题如网上信息出版、加工、发布，网络广告的行为规范等问题还需要进一步的法律引导和规范。

因此，对互联网的依法监管仍然存在难度。对于现在已经发生的一些问题仍然没有可行的法律措施。如关于网络谣言的问题。目前有关网络诽谤的法律规定仅有《刑法》和《最高人民法院检察院关于办理利用信息网络实施诽谤等刑事案件适用法律若干问题的解释》。此外，虽然《治安管理处罚法》中明确规定了对网络谣言的处理办法，但仅是处以现金罚款或拘留的方式，其可执行性依旧较差。

（3）技术控制

网络和传统媒介在传播控制上的差异与它们各自的技术特性息息相关，因此，在这里不能不提到新闻宣传上的技术控制问题。网络媒介和传统媒介在传播技术上的一大区别就是传播的双向性和单向性。传统媒介基本上是一个单向性的媒介，以电视为例，信号通过发射器一对多地传播到接收器，再转化为讯息，送达给受众。因此，只要控制了发射器，就能控制信息内容。网络则不然，网络是双向的、多对多的媒介，几乎任何人可以从任何信息接入口进入网络并发布信息。用户入网的方法有多种。设在单位的终端管理可能较严，而设在个人家中的终端几乎处于失控状态。从今后的发展趋势看，个人入网（含终端设在个人家里由单位付费）的比例会越来越高，这就预示着未来的信息失控面会越来越大。

针对网络媒介的技术特性，在用传统方法控制网络时，我国乃至世界各国政府也积极尝试应用技术手段对其进行控制。其中，和新闻宣传密切相关的是不良信息过滤技术。从过滤的内容来看，可以过滤色情、暴力、诽谤、诈骗、毒品交易、教唆犯罪等信息；从过滤的方法上来看，可以根据分级、地址列表、自动文本分析或图像识别等方法进行过滤；从支持的网络协议来看，可以过滤 HTTP、FTP、Email、新闻组、网络聊天或 ICQ 等协议的不良信息。但是，目前的网络过滤技术以及其他一些技术控制手段还处在发展之中，尚不完善，还无法满足对网络信息内容进行控制的要求。这就决定了从技术层面对网络媒介的控制也不及对传统媒介的控制那样有效。

2. 经济控制

（1）所有权控制

经济控制的关键在媒介的所有权上，说穿了就是谁拥有媒介，谁掌握媒介，谁自然就拥有支配传播的权力，谁就有权选择传播什么与不传播什么。我国的传统新闻媒介虽然目前正在实行的是事业单位企业化管理的经营管理体制，但仍然是国家掌握着媒介的所有权。这就决定了人民掌握新闻事业的物质生产资料和精神生产资料，为人民服务是新闻事业的唯一宗旨，媒介是党和人民的喉舌，体现和贯彻党和人民的意志。

而网络的情况则比较特殊。网页的所有者成分是错综复杂的，有官方网站，有私营业主网站，有个人网站等，从所有制的形式来看，几乎以下各种所有制形式都存在：国有国营、国有公营、公私合营、私有私营等。所有制形式的复杂性增加了对互联网监管的难度。

（2）广告控制

广告控制就是指通过刊播广告的方式影响新闻媒介的经济来源，迫使新闻媒介就范。我国传统媒介由于实行事业单位企业化管理，广告收入成为衡量传媒实力的一项重要指标，以广告为手段的社会各种经济力量对媒介的影响正日益扩大。

为了追求经济效益，广告也是网络媒介积极争取的对象，越来越多的商家开始在网络上投放广告，广告客户对网络的影响也开始显现。

但是，由于"在我们社会主义制度下，指导新闻工作的，或者说对新闻工作起决定作用的，不是一般的商品生产规律而是党性原则"①，党性原则已内化为传统媒介工作人员的职业理念，使传统媒介在进行新闻生产时，较为自觉地坚持社会效益第一，经济效益第二的方针。而网络媒介由于所有制形式的复杂性，其商品性质较传统媒介更为突出，党性原则对其影响较弱，使其更易受到广告的控制。关于广告对传统媒介和网络的制约的差异，我们在论述不同控制方式之间的互相抵抗时还要提到，这里暂且略过。

3. 受众控制

受众对传播的控制主要表现在反馈上，它一般分两种形式：一是受众通过信件、电话、访问等手段，直接表达自己对传播活动的意见、建议和批评；二是受众通过是否选择该媒介间接地显示自己的态度。

由于传媒经营的特殊性，受众在传媒内容生产上具有重要的意义：传媒是否能成功地吸引受众，决定其对广告商的吸引力，并进而影响其价值补偿和价值增殖。尽管如此，和传统媒介的强大力量相比，受众的力量仍然是比较薄弱的。传统大众传播中的受众反馈往往具有延迟性、间接性等缺陷。同时，由于传播媒介的垄断（如美国）或国家的宏观调控（如我国）等因素，在一定区域范围内受众接触到的传统媒介的数量总是受到种种局限，受众在传播中的主动性、选择性不强。而与此相比，网络受众的自主性要大得多。一方面，受众可以即时对网络信息反馈，同时，反馈的方式更加有力：可以直接在网络上发表自己的看法。另一方面，网络所具有的信息的丰富性和信息的多样性，以及信息的易获得性，使受众的可选择性前所未有的增强。这一切，都加强了受众对网络调控的力度，既促使了网络信息内容和信息传播形态的变化，也促进了网络技术的发展。

---

① 李良荣. 新闻学概论［M］. 2 版. 上海：复旦大学出版社，2005，109.

4．自我控制

自我控制大致包括两个方面：一是媒介组织对本机构从业人员的纪律要求和行业规范；二是各类传播从业者，按照一定的行为准则和自身的职业道德对自己行为的约束，主要是伦理道德的约束。

首先我们来看看媒介组织的管理。

如前所述，媒介组织的管理可以分为两个层面，一是传媒业的行业规范管理，二是媒介机构内部的管理。

传统媒介的行业自律组织和规范发展是比较完善的，如我国的新闻工作者协会，有完善的组织架构，相应的制度和章程，在媒体自律上发挥着较大的作用。

媒介机构内部则主要依赖于一些规章制度和把关措施来实行自律。在传统媒介中，记者、编辑等各自负责信息生产、加工和传播的不同过程，并且层层把关，责任到人，哪一个环节出现了问题就会追查到处于该环节的个人，使其负起相关的责任。例如，2005年底，人民网传媒频道、《新闻记者》杂志、复旦大学新闻学院联合推出了"2005年十大假新闻"评选活动。《新京报》2005年2月5日刊登的一则"越洋电话采访郎平"的新闻位列其中。该报道的记者以"越洋电话采访郎平"的对话形式报道了郎平应邀执教美国女子排球队之事。而事实上，这篇报道的记者并没有与郎平取得电话直接联系，只是通过我国驻意大利的某些人员取得新闻素材，报道中多数内容是从其他媒介上搜集而来的。《新京报》编辑委员会发现这篇虚假新闻报道后，给该报道的记者先是留社察看处分，后又将其开除；给责任编辑严重警告和罚款处分；给签发该稿件的负责人全社通报批评和罚款处分。这一事件充分体现了自律在媒体机构中的作用。

网络行业的自我控制问题重视度很高。2001年5月25日，中国互联网协会成立，把行业自律作为协会的一项重要工作。2002年3月26日，中国互联网协会在人民大会堂召开签约大会，正式发布《中国互联网行业自律公约》。至当年11月，全国已有1200多家单位签约，初步构成了行业自律的格局。协会还成立了公约执行机构——责任与道德工作委员会。当年，不少省市的签约单位对网站信息进行了自查和互查活动。

部分网络站点的内部管理也开始加强。例如人民网、东方网、千龙网、新浪、搜狐等网站在创办之初就出台了一系列相应的管理规章，这些管理规章有针对网站内容而言的，如各网站的服务条款（用户协议）、隐私声明、免责声明等，也有针对具体栏目的，如电子邮件使用协议、BBS管理条例、聊天室公约、手机短信服务条款等。网站还会采取一些实际行动来加强网页的内容管理，如在网络页面上安装屏蔽性程序，自觉屏蔽不适宜刊载的内容，在发帖区用醒目的文字对网民进行道德上的提醒，通过版主驱逐不遵守版面规定的网民等。

虽然网络行业自律的发展势头喜人，但由于存在把关技术上的障碍等客观原因以及网站所有者身份复杂不易规范等人为原因，其自律的力度和效度还难以和传统媒介的自律相比。

我们再来看看媒介人员的自我伦理道德约束。

对于传统媒介而言，新闻传播活动的主体就是新闻从业人员，所以传统媒介伦理道德约束的针对性很强。对传统媒介从业者进行伦理道德诉求的，如《中国新闻工作者职业道德准则》中的七条准则：全心全意为人民服务。坚持正确舆论导向。2019 年修订，坚持新闻真实性原则，发扬优良作风，坚持改革创新，遵守法律纪律，对外展示良好形象。

对于网络媒体而言，伦理道德约束则至少要针对两种人展开：

一是非网络从业人员，即一般网民。对这类人群进行伦理道德约束的方法目前主要是加强道德方面的教育。国外对这方面的研究非常重视，如美国杜克大学为学生开设了"伦理道德学和国际互联网络"课程；美国计算机协会就一般的伦理道德和职业行为规范作了规定等。我国对一般网民的伦理道德教育也开展了工作：团中央、教育部等部门向社会联合发布了《全国青少年网络文明公约》；2000 年 12 月，文化部等十家单位联合发起了"网络文明工程"，号召"文明上网、文明建网、文明网络"，并开展了一系列活动。

二是网络从业人员。对他们的伦理道德约束则寄希望于行业和个人自律。如，1994 年 4 月，全国 20 多家媒体网络版负责人参加由《人民日报》网络版组织召开的中国新媒体联合会筹备会，会议原则通过了《中国新闻界网络媒体公约》。又如，在 2002 年 8 月举行的"2002 中国网络媒体论坛"上，112 家参会单位签署了《保护网络作品权利信息公约》。

伦理道德约束具有非强制性，伦理道德约束要发挥作用，除了其他的一些条件外，受约束者的个人素质显得十分重要。在这方面，传统媒体要比网络媒介具有优势。一方面，传统媒体的信息传播者都是专业的新闻从业人员，对他们的选择都是经过严格考核了的，除了要求具备一定的知识修养和技能修养，还要求具备一定的道德修养。另一方面，传统媒体的新闻从业人员不能像一般网民那样匿名存在于传播过程中，而是作为规范的媒体组织内部的成员，接受层层的管理和监督。

而网络传播者身份复杂，个人素质和修养良莠不齐。那些具有较高个人素质和修养的网络传播者，往往会自觉地遵守应有的伦理道德规范，而某些素质和修养较低的网民则不一定。再者，由于网络的匿名性特点，许多在现实社会中能较好遵守道德规范的人在虚拟空间可能会表现出完全迥异的另一面，也使网络媒体伦理道德约束的有效性大打折扣。正如有些学者认为的那样，"由于网络空间超越了现实社会中已有的限制，加之网民都是以匿名身份在网上交往，故造成网上网下交往的虚实混淆，这就为一些违背社会伦理道德规范的行为开辟了滋生的土壤和发展的空间。"①

---

① 熊澄宇. 信息社会4.0——中国社会建构新对策 [M]. 长沙：湖南人民出版社，2002，140.

总之，传统媒体伦理道德约束的有效性要比网络媒体伦理道德约束的有效性高得多。

5. 文化控制

除了上面讲到的这些控制形态之外，还有一种更深刻更广泛的控制——文化控制，"所有的控制形态都包容在文化控制中，一切控制现象说到底都无不处在特定文化的大背景下。"① 无论是传统媒体还是网络，其信息传播活动都要受到本民族文化的制约。在我国，信息传播活动受文化制约至少应包含这样两点：一是发扬民族精神和民族尊严，二是尊重少数民族的风俗和传统习惯。

由于传统媒体，特别是报纸和电视，其信息传播有很强的地域限制：一个国家的大众传媒往往多在本国家、本民族内部进行信息传播，所以，传统媒体主要是受到本国家、本民族主流文化的影响和制约。与此相反，网络基本上是个无疆域的世界，网络信息不仅在本国家、民族内部流通，还可以跨过国家和民族的限制，在世界范围内流动，所以，网络信息的文化制约问题就显得复杂得多。一方面，外来文化信息冲击着本地文化；另一方面，外来信息往往不容易受到本民族文化的制约——由于文化传统不同，本国认定有害的信息在他国可能并不被认为有害。例如，在英国可以在网上流通的图片，在中东国家却被认为是色情的，是绝对禁止的。文化上的差异导致对信息内容不同的认定标准，这给网络信息内容管制带来巨大的挑战。

（二）不同控制方式作用力量的差异比较

在论及传统媒体和网络所受控制方式和程度上的差异时，还存在这样一些问题：网络和传统媒体都受到政治、经济、文化、受众和自律的控制，在这些控制方式共同构成的控制情境中，是否存在控制方式之间的互相制衡问题？这种制衡在网络和传统媒体上表现得是否一样？

这些问题很重要，因为：一方面，不同控制方式所具有的强度及发挥的效力不一样，它们之间的此消彼长极有可能影响媒体所处的控制状态；另一方面，正如我们在前文提及的，政府控制在决定传播媒体是表现出自由化还是规约化上，具有尤为重要的作用，因而，弄清在对传统媒体和网络的制约上政府控制所扮演的角色，对进一步了解传统媒体和网络的规约化或自由化有着显著的意义。

德福勒的美国大众体系模式对我们论述这一问题有一定的借鉴意义，让我们首先来看看该模式② （图1-1）。

---

① 吴文虎. 传播学概论 ［M］. 武汉：武汉大学出版社，2005，144.
② 有关德福勒模式的内容见《大众传播模式论》，（英）丹尼斯·麦奎尔，（瑞典）斯文·温德尔著，祝建华译，上海：上海译文出版社，1997年8月，第121至125页.

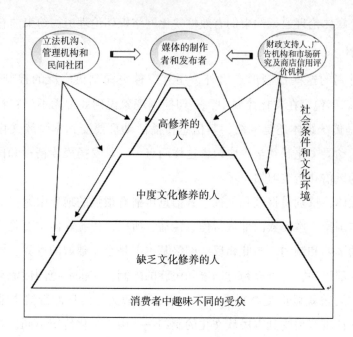

图 1-1　德福勒美国大众体系模式

这个模式的主要组成部分包括：第一，受众，根据假设的趣味（高、中、低）加以区分。我们可以认为，这代表着受众对媒体的影响力量；第二，金融和商业机构，它们为媒体制作提供资金，购买广告的时间和空间，并从其他商业活动中获得自己的收入。这一部分是影响媒体的经济力量；第三，媒体制作和分发组织。这里包括传统媒体和网络等；第四，施加各种压力的政府的和民间的公共法规和控制机构。

这个模式是德福勒 1966 年提出来的，它当时主要代表大众媒体体系的一种自由主义或自由市场模式。在这个模式里，商业部分对媒体内容具有极大的控制权，低级趣味的内容因为有最广泛的受众需求，因而成为媒体最青睐的对象。

所有体系都有一个共同特点，即一个部分发生变化，必然会引起其他部分的变化。社会中政治和经济力量平衡的任何改变，都能对所描述的结构和关系产生重要影响。因此，麦奎尔等人在德福勒模式的基础上提出了社会责任模式和苏联社会主义模式，他们认为，在这两种模式中，由于政治、文化的压力加大，一定程度上削弱了商业的影响，进而造成了媒体内容的变化。

根据这些看法，可以把上述模式简化，用来分析网络和传统媒体的受控状况。我们认为，由于网络站点及网页等信息载体所有权的多元化（政府没有掌握全部所有权），网络受众自主性的增加（受众控制的增强）以及网络行政、立法管理尚不健全（政府控制的不足）和网络使用者自律性较差等因素，致使经济力量和受众力量对网络的影响力要大于这两种力量对传统媒体的影响力（图 1-2）。

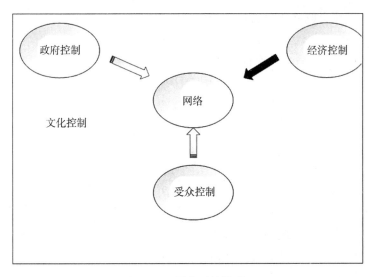

图 1-2 网络受控模式

（注：图中的黑箭头只表示和对传统媒体的影响相比，经济控制和受众控制对网络的影响力更大，在这里，我们并无意认为，单就从对网络本身的控制而言，经济力量和受众力量要大于政府力量。）

相反，在我国由于传统媒体为国家所有，以及媒体坚持社会效益第一的方针（较为完善的自律），现阶段政府对传统媒体的影响要大于经济力量和受众力量对传统媒体的影响。和对网络的控制相比，政府力量对传统媒体的影响力更大（图 1-3）。

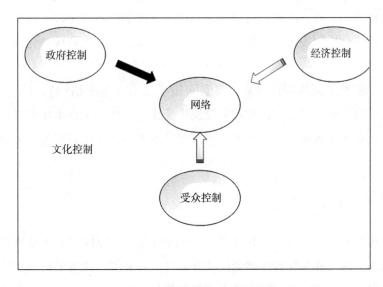

图 1-3 传统媒体控制模式

我们可以得出结论：网络受控程度、受控方式都和传统媒体有差异；在面临同样的控制方式时，网络经受的制约要小；相比较而言，政府力量对网络的影响不如其对传统媒体的影响那样大。网络更倾向于自由化，而传统媒体更倾向于规约化。

二、自由化、规约化与宣传系统

那么，网络媒体和传统媒体各自表现出的自由化与规约化对它们的新闻宣传活动有怎样的影响呢？

在这里，需要借用一下系统论方面的知识。系统论认为，系统依据其与环境的关系，可以分为两大类型：封闭系统与开放系统。封闭系统是一种与环境较少发生直接交换关系的系统。而开放系统是一种较多地从外界环境接受物质和能量，并同时释放物质和能量于外界环境的系统。当然，系统的"封闭"与"开放"，只是相对而言的概念。事实上，并不存在绝对封闭或绝对开放的系统。任何系统，都必然以一定的方式和"水平"与环境发生某种交换关系。只是，所谓封闭系统，是指此种系统与环境存在着较低水平的交换关系；而所谓开放系统，则与环境维持着较高水平的交换关系。传播活动（包括宣传活动）可以被看作是一个个系统，故也应有开放性和封闭性之分。依据与外界环境信息交流的广泛、深刻、积极程度，可以把传播（宣传）系统近似地分为两种——趋向于开放性的传播（宣传）系统和趋向于封闭性的传播（宣传）系统。

现在回到本节开头提到的问题，我们认为，自由化和规约化对网络和传统媒体传播活动最重要的影响之一，就是分别导致了它们新闻宣传上的开放性和封闭性。和传统媒体相比，网络与外界环境的信息交流显得更加活跃、积极，信息交流的深度、广度都远远超过传统媒体与其环境的交流。因而，可以说，和传统媒体宣传系统比较，网络宣传系统更趋于开放，在宣传活动中也表现出更加开放的态势。那么，自由化和规约化的具体影响是怎样的呢？

系统由三个基本方面构成：要素，要素间相互关系（系统结构），环境。系统要素、结构、环境的任何改变，都有可能导致系统发生变化。正是由于自由化和规约化分别影响了网络宣传系统和传统媒体宣传系统的上述三个基本方面，才使它们各自表现出开放和封闭的特点。

（一）影响宣传要素

宣传要素主要包括宣传者（宣传主体）、宣传对象、宣传内容及其载体宣传品、宣传技术。我们认为，网络和传统媒体的受控状况即自由化和规约化主要影响了它们各自的宣传者、宣传对象，并进而影响了其宣传内容和宣传品，自由化和规约化对宣传内容和宣传品的影响是间接的，而不是直接的，所以，我们在这里只讨论自由化和规约化对宣传者、宣传对象和宣传技术的影响。

1. 确定和模糊：对宣传者（宣传主体）的影响

宣传者包括广义的和狭义的两种。从广义上说，任何一个人进行以影响他人为目的，阐述自己的见解、主张、思想等活动，就是在进行宣传，就是处在宣传者的地位。从狭义上讲，宣传者只是指专门从事宣传工作的、负责宣传活动的人们。他们一般代表一定社会群体、阶级、政党、国家的意志，并以"发言人"身份出现。同理，广义上的网络宣传者，是泛指在互联网上进行以影响他人为目的，阐述自己的见解、主张、思想等活动，或传播信息的机构和人员；狭义上的网络宣传者，是指根据党的宣传工作方针原则，利用网络媒体为载体、专业从事网络宣传、具有正确舆论导向职责的机构和工作人员。我们在此对这一概念取广义。

自由化和规约化对宣传者（主体）的影响主要表现在以下几个方面：

（1）主体的确定性和模糊性

传统媒体的规约化使其宣传主体具有确定性：主要是编辑、记者。虽然部分非编辑、记者人员也可以通过读者来信等形式宣传自己的主张，但这种比率是非常小的。

和传统媒体相反，由自由化以及网络媒体的其他特点决定，网络宣传主体的身份比较不容易确定。谁在网络上传播信息？主要有这样几类人：A. 狭义上的"网络媒体"的工作人员。这种狭义上的"网络媒体"在我国现阶段主要包括三种：（a）一批经国务院新闻办公室批准，具有登载新闻业务资格的商业门户网站；（b）经国务院新闻办公室批准的一批综合性新闻网站和地方重点新闻网站；（c）传统新闻媒体网站。狭义上的"网络媒体"和传统媒体的运作有相似之处，他们的宣传主体也基本上是确定的。B. 其他网站的工作人员（由于文中我们所指的"网络媒体"是广义的，即：通过计算机网络传播信息——包括新闻、知识等信息的文化载体，目前主要指互联网，因此，我们不仅仅只考察狭义网络媒体的宣传者）。其他一些专业性或综合性网站的工作人员也往往会发布各种宣传信息，这种宣传活动的主体身份也具有一定的确定性。C. 网民。数目众多、身份不确定的网民是网上众多信息的积极发布者，正是他们的参与造成了网络宣传主体的不确定性。

（2）主体身份的单纯性和复杂性

除了宣传主体身份的不确定性外，自由化也使网络媒体宣传者成分较传统媒体复杂。首先，网络上的宣传者主要是广义上的宣传者，即非专业的宣传者。结合前面对宣传者的定义，我们把宣传者区分为专业的和非专业的，主要基于以下标准：一是是否有明确的宣传报道的职责；二是是否具有宣传报道的专业知识技能；三是是否具有一定的宣传报道素质，如在我国主要表现为政治理论修养、个人品德修养、职业道德修养等；四是是否受到相关宣传领导部门的调控。传统媒体工作人员，网络上经国务院新闻办公室批准，具有登载新闻业务资格的商业门户网站、综合性新闻网站和地方重点新闻网站，以及传统新闻媒体网站等的工作人员都是专业宣传员，他们被纳入宣传体系，接受各种调控，其传播活动相对规约化。然而，网络上专业宣传员数量要远远少于非专业宣传员数量。在全球数千万个网站，数十亿网页的规模中，只有 30% 是由公司企业经营（包括各种传统新闻媒体公司）的，其他 70% 都是由非营利机构和一般民众创造的。和专业宣传员相比，大多数非专业宣传员缺乏有关的宣传素质，不易受到调控。其次，网络上的宣传者多是无目的宣传者。在网络上进行信息传播活动的网民对其意见、主张的宣传多是没有明确目的，兴之所致的，甚至是下意识的。再次，网络上的宣传者还存在敌我的区别。自由化的网络给各种和本国意识形态相左或仇视本国政府的个别组织或个人也提供了其他媒体无法提供的机会：宣传充满敌意的，甚至是颠覆性的言论。

（3）主体自主性的强和弱

尽管改革开放四十多年来，市场经济为中国媒介开拓出比作为党的喉舌和宣传工具更为广阔的实践空间，新闻从业者从单一的"党的宣传干部"衍变为具有一定工作自主性的职业角色，但是，规约化使传统媒体中的宣传主体受到的限制多，在宣传活动中的自主性仍相对较弱。2002—2003 年，有学者对全国八个城市传统媒体新闻从业者进行了调查，发现，这些新闻从业者对自己在工作中获得的自主程度评价较低，一些来自于编辑部内部和外部的因素影响着他们的从业活动。其中，影响力较大的首先是编辑部内部的业务主管和宣传管理机构。业务主管贯彻的，也正是宣传管理机构的意图，"宣传管理同时也会让新闻部门的业务主管深感无力。"①

网络宣传环境中的宣传主体在这方面的情况则要强得多。

宣传主体的确定和模糊、单纯和复杂、自主性的差异等因素，直接影响了网络和传统媒介各自的宣传活动：传统媒体在从事宣传活动时会考虑相对统一的参照系，而网络的宣传标准则倾向于多元化。

一方面，在对事实的报道上，传统媒体会根据一些标准进行把关，决定什么该报，什么不该报，什么时候报。这些标准包括对新闻价值要素的考虑，对报道社会效果的评估，对本行业、本媒体乃至国家民族的价值规范的考量以及一定的宣传原则等。如我国传统媒体要遵守的宣传原则就包括：a. 真理原则和党性原则；b. 实事求是的原则；c. 理论联系实际的原则；d. 层级性和迅速原则；e. 有效性和说理原则。对网络宣传者来说，这些标准可能不具有很大的意义，他们对事实的报道标准更加多元，或者根本就不考虑遵守标准的问题。

另一方面，在对事实的评价上，传统媒体言论谨慎，特别是规约化程度较高的传统媒体，更多参照官方言论；而网络媒介上的言论趋于自由，特别是身份不确定的宣传者，可能更多表达自己的意见。

---

① 陆晔. 社会控制与自主性——新闻从业者工作满意度与角色冲突分析 [J]. 现代传播，2004，6.

2. 主动和被动：对被宣传者的影响

自由化和规约化使网络和传统媒介的被宣传者所处的信息接受状态不同。

一方面，网络中被宣传者的自主性增强。无论何时何地发布的网络信息，网民几乎都可以随时调阅，可以根据自己的喜好及时安排、选择信息，从而摆脱了传统媒介阅听人那种受制于报纸出版地，广播电视播出时间限制的状况。

另一方面，网络中被宣传者在宣传活动中的地位增强。网络的交互性使受众不再仅仅是接受者与旁观者，他们可以更多地加入到传播过程中，可以提出自己对信息的需求，对传播内容的看法，可以将自己认为有价值的信息放到网上传播。受众和传统媒介间存在的那种媒介的可获得性壁垒几乎消除了，宣传者和被宣传者之间的信息交流基本实现了无障碍。这方面的例子不胜枚举。2006 年，在十届四次人大、政协会议召开期间，湖北省一位周姓人大代表在博客中挂出了自己 2006 年度的议案目录，其中提到了义务教育全免费的观点。这一看法引起了网友关注，部分网友在回帖中认为"不太可能!""完全不可能!"等。周代表针对这些观点，在博客中发表了感言，这些感言再次引起了网友回应。分析一下这个例子，可以使我们更清楚地了解被宣传者在网络宣传中的地位。人大代表把自己的议案目录挂在网上，毫无疑问，带着明显的宣传意图，是一场宣传活动。这一宣传活动的进行始终伴随着被宣传者积极主动的参与：宣传者提出观点—被宣传者提出反观点—宣传者重申观点—被宣传者再次积极或消极的反馈。被宣传者的主动性地位彰显无疑。

3. 丰富和单调：对宣传技术的影响

网络技术和自由化的关系比较复杂，一方面，网络技术在很大程度上促进了网络的自由化，另一方面，网络的自由化又反过来推动了网络技术的发展。首先，网络进入限制的缺如使其能凝聚社会各界的力量共同推动网络传播技术的发展；其次，网民自主性的增强促进了他们的信息传受活动，并成为新的网络技术的召唤力量。

和传统媒体由于信息传播的物质基础不同而被迫画地为牢，信息传播方式相对单调的状况相比，优越的技术使网络宣传方式显现出极大的丰富性，如可以利用超链接和多媒介等形式，实现信息最大限度的整合：通过 FLASH 新闻报道，网络与电信运营商联合推出的手机短信新闻服务，网络公司和报社合作推出的"数码报刊厅"（利用网络平台展现报纸印刷版原貌）等，网络可以融合各种新老媒介的优势，使宣传的深度、广度达到前所未有的程度。宣传活动中技术的壁垒正在不断地被跨越。

（二）影响宣传环境

网络宣传系统和传统媒介宣传系统的环境有一定差异：在物理环境上，表现为虚拟环境和现实环境的差异；在心理环境上表现为匿名性和真实性等差异；在社会环境上，表现为社会控制的强弱差异以及社会交往形式的变化等。简言之，自由化的网络造就了一个在某些方面比传统媒介更利于传播的环境：有可能阻碍自由传播的心理的、社会的压力减弱了。

首先，网络的自由化给网民提供了一种充分放开自己的隐蔽的虚拟环境，从而使网民具有一种匿名心理。匿名心理指在一种没有社会约束力的匿名状态下，人可能失去社会责任感和自我控制能力。因此，在匿名的状态下，网民的需求可能与他在物理世界的需求发生一些偏差，并进而影响到他的信息传播活动——在宣传中可能摆脱甚至故意违反在现实社会必须遵守的种种束缚。

其次，网上信息传播的交互性、延展性使人们的交往空间极大扩展，发展出了许多新的社会交往形式，这种情境下的网民更加注重个人意见的表达和个性的发展，在传统媒体环境下的从众心理减弱了。

此外，环境因素还涉及一个宣传体系的问题。宣传体系指一个国家或政党在宣传中所依据的理论原理的总和，是宣传活动的组织机构、组织原则、宣传标准和规则等完整体系。规约化的传统媒介往往是宣传体系下的媒介，而网络部分或完全摆脱了宣传体系对其的影响。

（三）影响宣传结构和过程

"传播者——讯息——媒体——受众——效果"，拉斯韦尔的上述模式基本上能描述传统大众传媒的宣传结构和流程：一种较为单向的、灌输式的宣传。网络的自由化使其表现出和这种模式不同的宣传结构。

首先，网络的自由化使其传播表现出明显的去中心化的特点。如果把网络宣传活动作为一个总体，可以发现，其宣传活动没有中心，没有周密的部署、没有统一的口径、没有基本一致的宣传步骤。这和规约化的传统媒介显著不同。其次，网络几乎完全打破了大众传播中存在的二级乃至多级传播流程，而代之以星网传播——在信息网的任何连接点上可以向任何方向进行传播。再次，网络宣传过程还存在一个把关行为缺乏或弱化的问题：无法像传统媒介一样对信息内容进行有效的控制。这一状况之所以存在，除了我们在前面已有论及的人为因素之外，还有技术方面的问题：目前尚缺乏对网络进行完善控制的技术手段。

由于自由化和规约化使两类宣传系统在上述三个基本方面存在较大差异，两者在与外界环境进行信息交流时就分别表现出了封闭和开放的特性：在网络宣传系统中，宣传者和被宣传者之间，宣传系统和它所处环境之间的信息交流更加积极、主动、广泛，而传统媒介与外界环境的信息交流则相对较弱。一是从宣传者来说，和传统媒介相比，网络媒介宣传者所受到的限制更小，这就使之能够更加自由地和外界进行信息交换：获得并发布更广泛的宣传信息；二是从宣传对象来说，和处于传统媒介环境中相比，网络中宣传对象和宣传者的信息交流活动更加及时、活跃、有效；三是从宣传过程来说，相较于传统媒介宣传过程，网络宣传信息可以更广泛地被复制、被传播。

整理一下上面的分析，可以得出这样一个表格（表1-1）。

表1-1 网络和传统媒介新闻宣传的开放性和封闭性比较

		自由化的网络		规约化的传统媒介
宣传者	特点	复杂、不确定	特点	确定
	影响	对事实的报道和评价没有统一的参照系、多元	特点	有统一的参照系
宣传对象	特点	网民	特点	阅听人
	影响	对宣传的反馈积极、主动	影响	较被动
宣传技术	特点	丰富、整合	特点	单一
	影响	宣传较少时间、空间、技术限制	影响	有时空等限制
宣传情境	特点	没有显著的心理、社会限制	特点	有显著的心理、社会限制
	影响	宣传者较自主	影响	传播者的自主性不强
宣传过程	特点	去中心、星网	特点	有中心、层级
	影响	无序，复制，扩散，调控弱	影响	有序、按部就班、调控强

在这里需要强调的是：宣传上的开放性和封闭性是相比较而言的。并不意味着定网络就一定会带来宣传上的开放性，传统媒体的宣传就总是倾向于封闭的。事实上，狭义上的网络媒体网站和其他网站相比，其规约性要强，所以，其和其他网站的宣传相比可能就相对封闭。而传统媒介在外部、内部控制稍为松懈的时候，也就是自由化程度稍高一点的时候，也易表现出宣传上的开放性。所以，要确定媒介的宣传是开放还是封闭，要综合考察其所处的控制状况。

三、自由化、规约化与宣传效果

那么，宣传的开放性带来的就一定是好事吗？封闭性宣传就完全一无是处吗？首先来看看学界已有的论述。

传播学者闵大洪曾对在信息传播和舆论形成方面具有规模影响力的互联网BBS进行了研究，他认为，BBS和传统媒体相比，主要有以下差异，见表1-2。

表1-2　网络和传统媒介比较

	传统新闻传媒	互联网 BBS
反映民意的速度	慢	快
受众（用户）主动参与地域范围	小	大
受众（用户）间的交互性	差	佳
受众（用户）与媒体的交互性	差	佳
管理机构对其掌控程度	大	无/小
受众（用户）的言论自由度	无/小	大
受众（用户）提供信息的真实性	高	低
供受众（用户）发表意见的地盘	小	大

从闵大洪的比较中可以看到，和传统新闻媒体相比，互联网 BBS 在信息传播和舆论影响上，似乎有明显的优势。

再看看系统论在这方面的论述：系统论认为，封闭系统由于与其环境较少发生直接交换关系，往往导致渐变性的内部混乱、解体和灭亡。开放系统由于较多地从外界环境接受物质和能量，并同时释放物质和能量置于外界环境，使它可以"主动地"趋向于更高级的组织状态。

从这些论述似乎可以得出这一结论：开放性宣传要优于封闭性宣传。事实果真如此吗？现在来梳理一下开放性宣传和封闭性宣传各自的优劣。

（一）开放性宣传的优势

由于积极和外界进行信息交流，使开放性的网络宣传表现出了以下优势：

1. 宣传的时效性所致的首因效应

开放性的宣传系统总是积极感知外界变化，并作出反应：及时报道和解释环境变动。因此，网络新闻报道与传统媒介相比，其新闻报道往往更加迅速及时，常比传统媒介抢先一步。如美国世贸大厦被恐怖分子袭击等震惊世界的新闻往往是由网络最先报道的。心理学认为，在出现两个以上的传播者或阐述两种不同的观点时，先出场的传播者和先阐述的观点在特定的情境中会获得较大的传播效果，这就是首因效应。由于在宣传时间上领先，开放性宣传系统可以获得这种宣传中的首因效应。

2. 宣传主体产生的"自己人"效应

心理学认为，不仅是观点上的一致，而且是传播者和受众之间所存在的以及听众认为有某种意义的一切相似性，都能提高宣传员的影响力。这种相似性会使人产生一种"同体观"倾向，把传播者和自己视为一体。网络上大量的宣传者都是一些非专业的，没有明确宣传目的的网民，这些网民既是宣传者又是宣传对象。同时，他们在人口学特征上也有比较一致的特点：根据中国互联网络信息中心 CNNIC 的数据显示，中国网民中男性网民绝对数量大于女性网民；网民在年龄结构上仍然呈现低龄化的特点，主要是 35 岁以下的人群；网民的文化素质普遍较高。这一切，使网络媒介的受众较容易对宣传者产生"自己人效应"，从而接受其劝服。在这一点上，传统媒介显然不具备优势。传统媒介虽然积极改进和受众的关系，如报道民生新闻，倡导人文关怀精神等，但由于传统媒介目前实质上由少数人掌握，大多数受众容易有"他者"的感觉，而不是"同体观"。

3. 乐于接受劝服的心理情境的营造

开放性的宣传系统增强了被宣传者的主动权、参与性，和传统媒介还主要是采取灌输式的宣传方法不同（媒介设置受众的议程，媒介如电视、广播决定受众的节目收看时间，媒介在宣传时拥有绝对的话语权等），网络上的宣传信息主要是由宣传对象自行"拉"出，而不是被"推"过来的。在这种情况下，人们在网络媒介上的心理状态和使用传统媒介相比更趋向于轻松愉悦，不容易对宣传信息产生逆反心理或对抗式解码。

（二）开放性宣传的弊端

但是，在承认开放性宣传系统优势的同时，也应看到，开放是一把双刃剑，特别是目前对网络的控制力度还很弱的情况下，开放性宣传的弊端也是很明显的。

1. 把关不力

由于网络传播的信息流程采用的是"传播者/受众——网络媒体——受众/传播者"模式，信息流向由传统的线性变成环状，使得网民既是受众，同时也是传播者，而且，网民所具有的这种双重角色在互动传播的过程中还不断的相互转化，这就造成了网络空间里"把关人"角色在不断地发生变化，从而使传统意义上的"把关人"有所缺失。即使是某些充当固定的把关人角色的人群，如站长、版主等，其管理权限也是有限的。正如有些学者认为的那样，"和过去的'看门人'有些类似的站长、版主等拥有管理权限的人，也无法像传统编辑那样拥有最终结论的权利；删除文章、封杀权限等在单个网站来看似乎可以实现信息控制的手段，但考虑到互联网的一体性及受众（同时为传播者）可以在不同站点活动，所以实际上这些手段也是无力的。"[①]

把关人的缺失和无力有可能给宣传造成各种负面影响，如：a. 宣传失度，包括失真、信息传播频率把握失度、信息放大失度等。"宣传的作用是信息放大，把中央的决定，及

---

① 熊澄宇. 信息社会 4.0——中国社会建构新对策 ［M］. 长沙：湖南人民出版社，2002，114.

时地放大，传播到全国各地，以至于整个世界，如果放大功能调控失度，也会引起反面作用。"[1]b. 虚假新闻泛滥：网上新闻信息鱼龙混杂、真假难辩，可信度低于传统媒介。c. 信息污染成灾：网上存在大量冗余信息、垃圾邮件、过时信息、负面信息。

2. 舆论导向引导不力

开放性宣传使对宣传活动的调控变得困难和复杂，大量非宣传体系内的宣传容易使舆论偏离正确的导向，造成不良的社会影响，并给实际工作造成损失。

3. 宣传力量的分散影响宣传目的的实现

宣传活动作为一种目的性明确的传播活动，除了效果的认知层面，它更关注被宣传者在态度和行为层面受到的影响。为了达到这个目的，传统的封闭性宣传活动都是经过严密论证、部署的活动，有宣传的中心、有重点、有步骤、有评估，以确保宣传目的的实现。正如日本的宣传学者池田德真在《宣传战史》中提出的，"做宣传工作就是做导演工作，导演得好不好是宣传能否取得成功的重大要素。"而网络宣传从宏观上来说，缺乏围绕某个宣传目的的统一的、有力的导演，不仅如此，不同的宣传者还在网络平台上进行意见的博弈，影响宣传效果的实现（在这里需要申明的是，我们是就宣传而讲宣传，并不否认网络这种观点的自由市场对社会的进步意义）。

（三）封闭性宣传的优劣

开放和封闭是相比较而存在的，很大程度上，开放性宣传的优势正是封闭性宣传的劣势，开放性宣传的劣势恰是封闭性宣传的优势。对封闭性宣传的优劣，我们不想一一论述，在这里只提出几点我们在前面没有强调的。一是信源的可信度效应。和网络媒介相比，传统媒介更有公信力。这增加了传统媒介宣传信息的可信性；二是宣传活动中的议程设置。封闭性宣传活动往往依据形势的需要，在不同时期都有一个宣传中心，其他各个要点的宣传都围绕这一中心来铺开，从各个角度和侧面为强化这一中心服务，反复陈述、反复传播。这就容易在全社会形成强势舆论，起到议程设置的作用。

当然，网络中也同样存在议程设置，但是，由于网络开放性的特点，其议程设置的效果要逊于传统媒介。

三是封闭性宣传中沉默的螺旋效果。在封闭性宣传中，多数传播媒介报道内容的类似性，同类信息传播的连续性和重复性，为公众营造出了一定的氛围，在人们的从众心理和趋同心理的影响下，社会舆论趋于整合，比较容易达到宣传效果。这点要优于网络媒介，因为我们在前面已论述过，网络上的受众从众心理有弱化的倾向。

当然，正如学者们所提到的，封闭性宣传的负面影响也是显而易见的。我们认为，其

---

① 顾作义. 宣传技巧 [M]. 广州：广东省人民出版社，1992，56.

最大的负面影响就在于因较少吸收不同或对立的观点，对个人或组织而言可能会妨碍他们全面把握事实，而导致认识的片面或决策的失误；对社会而言，可能影响社会的公开性或开放度，而导致对某些事件的处理不当甚或带来灾难性的后果。例如：法西斯德国封闭式的战时宣传，把德国人民引入了战争。

行文至此，似可得出结论：开放性宣传系统和封闭性宣传系统各有优劣，在进行宣传工作时，对两者应扬长避短，或相互取长补短，以实现宣传效果的最大化。

社会性别偏见的传播

报道新闻、引导舆论、传播知识、提供娱乐等一系列重要社会职责，赋予传媒一定的社会权威，对当今社会生活的方方面面产生重要影响。由于传媒的工具性质，它的这种权威很容易被其他力量利用。当传媒权威被其他权威利用，或与其他权威联合时，其对社会生活的影响将更加巨大：既有可能促进进步思想的传播，利于社会的发展，又有可能让一些陈腐观念甚嚣尘上，诸如对女性的性别偏见等。本文即从此角度，分析了传媒在对社会性别偏见的传播上和其他社会力量的合谋这一现象，并试图探讨这种合谋的原因和影响。

一、一个具有明显社会性别偏见的个案

2005 年 4 月 25 日，《武汉晚报》头版头条以《楚才作文中，"变色龙""母老虎""河东狮吼"竟成"母亲"形象代名词——3000 小考生"妖魔化"妈妈》为题，报道了如下事件：在"楚才杯"作文比赛"给我一点时间"作文题下，约 3000 名五年级学生选择了一个共同的题材——被妈妈逼着整天培优，学习压力大，希望妈妈给自己一点时间。"在这些孩子的笔下，妈妈是'会计师'，计算好了他们的每一分钟；妈妈是'变色龙'，考了满分她睡着了都会笑醒，考差了就会大发雷霆；妈妈是'母老虎'，每次出去玩总是被她准确地堵回来；妈妈是'河东狮吼'，看一会儿电视她就会发作……"① 此后，该报以《建立和谐母子关系》为题在"胡俊视点"栏目进行了为期一个多月的系列报道，几乎每天一篇稿件，通过报道家庭案例、专家意见、读者反馈，探讨了"妖魔化妈妈"现象的原因、对策，近千名学生、家长参与了报纸讨论，从中央到地方各级媒体纷纷转载，在一段时间内，使"妖魔化妈妈"成了一个社会议题。

但是，在唤起社会重视母子关系不和谐问题的同时，该报道却在不自觉中加深了另一种冲突：完全忽视了女性的利益，广泛传播并进一步深化了社会对女性的性别陈规。主要表现在：

---

① 胡俊，秦杰. 楚才作文中，"变色龙""母老虎""河东狮吼"竟成"母亲"形象代名词：3000 小考生"妖魔化"妈妈 [N]. 武汉晚报，2005-04-25（1）.

（一）按传统观念固定女性角色

该报道似乎"要尽力维护流行的劳动性别分工，维护关于男人与女人的正统观念，从而帮助确定妻子、母亲和家庭主妇的角色是父权制社会中妇女们的命运"①。其主要表现是，把"母亲"和"家庭教育"直接划上了等号。

在现代家庭，无论是谁具体实施对孩子的教育，所采用的教育方针和方法一般都是夫妻之间已达成的共识，因此，孩子对家庭教育产生抵触情绪，其真正针对的对象应是"家长"，也就是爸爸妈妈组成的整体，而非母亲个人。可在报道者的刻板印象中，妈妈就是家长的代名词，因为妈妈就应该负责孩子的教育，故在第一次报道该新闻和在以后不断引述这一事件时，报道不用"妖魔化家长"，而用"妖魔化妈妈"这一词语。把"母亲"和"家庭教育"直接划上了等号。像这样的例子在该报道中还有很多，如"妈妈的责任就是相夫教子"（2005年4月26日的报道②）等。"母亲"的角色被如此定义，进一步强化了社会对女性社会角色的刻板偏见：女性的社会职能就是家庭主妇，她的义务就是照顾家庭，教育子女。

（二）用负面词语贬低女性形象

以下是该系列报道一些文章的标题：《楚才作文中，"变色龙""母老虎""河东狮吼"竟成"母亲"形象代名词：3000小考生"妖魔化"妈妈》《教子莫失平常心，着点从容便不同：妈妈们去"妖魔化"有路可行》《十四岁少年被妈妈逼得平添白发》《谁让女儿前途一片黯淡》《母亲们不要当"甩手"妈妈》《儿子做作业、妈妈爱唠叨：——8龄童面对"督促"浑身发抖》。

这些标题塑造了一个个负面的母亲形象，这种负面形象是通过下述词语来建构的："妖魔化""去'妖魔化'""被妈妈逼得""'甩手'妈妈""唠叨"等。媒体通过批评这一"负面"的母亲形象，实质上是想要从反面为女性树立一个"正面"的榜样，指导女性怎样从"负面"走向"正面"，更好地履行相夫教子的责任。然而，无论是媒介为母亲树立的"正面"形象还是"负面"形象，其结果似乎只有一个——使母亲角色按传统偏见定型、模式化。

（三）通过男女形象对比强化性别差异

本质主义性别观念将男女两性截然分开，将女性特征归为"肉体的、非理性的、温柔

---

① 多米尼克·斯特里纳蒂. 通俗文化理论导读［M］. 阎佳译. 北京：商务印书馆，2001.
② 见武汉晚报《胡俊视点》栏目，另本文所有来自报纸的引文均出自该栏目。

的、母性的、依赖的、感情型的、主观的、缺乏抽象思维能力的"，把男性特征归为"精神的、理性的、勇猛的、富于攻击性的、独立的、理智的、客观的、擅长抽象分析思辩的"①，"建立和谐母子关系"系列报道进一步传播了这种偏见。

如："妈妈缺乏教育经验，缺乏沟通能力。妈妈的素质，决定了一个民族的素质，她们应该借此反思自己"（4月26日2版《妈妈们去妖魔化有路可行》），"很多母亲不善于引导孩子，更是激化了这种冲突，引起孩子们的强烈不满"（2005年4月25日11版《母亲为何被妖魔化》）。

再看对父亲们的描述："我烦老婆天天送孩子赶场培优，这违背儿子天性，违背教育规律；可老婆听不进，她一看到对门孩子在培优，就心慌，要拼着干。"（4月26日2版《妈妈们"去妖魔化"有路可行》）；"我总说，孩子就是一个弹簧，压得太久或是拉得太久，弹簧就失效了……可妻子认为我这是邪说。"（2005年4月28日32版《重压让14岁儿子早生华发》）

在这种对比描述中，读者似乎可以得出这样一个印象：父亲总是对的，父亲是理性的，有相关知识的，母亲是错的，是非理性的，容易感情冲动的，缺乏相关知识。父亲应控制母亲，母亲应听命于父亲。

通过这个个案，我们发现，女性被置于一个很可悲的状况之下：因为性别成见，女性担负起了主要的家庭教育责任，但她的付出没有得到回报，她成了家庭教育问题的受过者，因为根据性别成见，她的天性中有不适合进行教育的地方。女性的社会存在价值被完全地扭曲甚至忽视了。

二、社会性别偏见如何传播：传媒和其他社会力量的合谋

该系列报道在新闻运作上的表现是比较突出的：普通市民意见、权威专家意见得到了广泛的反映，同时，积极同其他媒体合作，使报道的影响走出了省域，达致全国。这种新闻运作的实质是什么呢？这种新闻运作的实质就是传媒和其他社会权威的联合。由于报道本身意义的两面性，权威联合的后果也是双面的：在正面影响扩大的同时，其负面意义也被广泛传播。由于负面意义的传播是隐形的，公众对其是缺乏免疫力的，因此，它发挥的作用就更加巨大。社会性别偏见是怎样通过权威合谋而被广泛传播的呢？

（一）和专家权威合谋使社会性别偏见权威化

从第一篇报道始，知识权威就开始进入系列报道，由于这些知识权威中的大多数或明或暗的维护着男性价值，故知识权威和媒介权威的结合，进一步放大了女性性别陈规对社

---

① 李银河. 女性权力的崛起［M］. 北京：中国社会科学出版社，1997，187.

会的作用。

如在武汉晚报 5 月 21 日的报道《本报专家团培训"和谐母子"》中，报纸推出了 8 位教育专家组成专家团，帮助问题家庭出谋划策。专家团由 5 名男性、3 名女性组成。就家长应该怎样教育孩子发表意见时，8 名专家中有 5 名是直接从母亲应该怎样教育孩子的角度来谈的，似乎把父亲排除在了家庭教育之外，在这 5 名专家中，有两名是女性，其中，一位女专家直接以"她们"来指代前面提到的"很多家长"，把母亲和家长（负责孩子教育）划上了等号。只有一位女专家，也唯有这位专家提出了"家庭教育呼唤爸爸"的看法，但在强势的其他看法的合围之中，这位专家发出的声音显得十分单薄。

知识意味着权力，往往容易支配那些缺乏这一权力的人群，使人们按照这种权力的意志确认、规范自己的行为。在这里，知识权威们从专家的角度，为女性如何进行家庭教育提出了标准，这些具有男权观念、维护男性利益的标准，削弱了女性的声音，引导女性按照男性的意志规范自己的角色，引导社会按照男权观念来看待女性在社会中的位置，使女性性别陈规罩上了一层"权威意见"的光环。

（二）反映具有强烈男权观念的社会意见

另一个和媒体联合的力量是那些具有男权价值观的一般群众。这种联合是通过直接反映群众的意见来实现的。

这组系列报道很注重和读者之间的互动，从第一篇报道刊登始，报纸就呼吁人们利用手机短信和记者互动交流。报道刊登首日，参与短信交流的市民就达到 100 余人，他们的观点被迅速搬上了报纸版面，从而引起更多市民的参与。在对社会意见的反映上，报道试图追求客观、公正的效果。但看似客观的媒体却忽略了，它所报道的大部分意见是站在男权观念上发表的意见，是带有偏见的意见。

如在系列报道的第二篇《妈妈们去妖魔化有路可行》中，媒体将读者的短信反馈分成正方观点和反方观点加以登出。正方观点里有 5 名读者的意见，这些意见有一个共同的前提，就是把"妈妈"和"家庭教育"划等号。在反方观点里刊登了 6 名读者的意见，其中，除了一名读者提到"如果家庭里爸爸承担孩子的日常教育，孩子同样会把怨气撒到他们身上"外，其余的读者也都是从"妈妈＝教育"的角度来发表意见的。

这种在其他问题上存在分歧，但在社会性别的认识上立场如此一致的意见的广泛传播，其产生的影响是不言而喻的。

（三）和其他媒介权威联合促进偏见的广泛传播

报道开始不久，全国其他的一些媒体便相继加入了该事件的报道中，包括新华网、中央电视台、中央人民广播电台、《工人日报》等 50 多家媒体转载了该报道。传统媒体和新兴媒体，中央媒体和地方媒体，各种作用范围和作用方式迥异的媒体权威联合起来，扩大了报道的影响，也促进了社会性别偏见的传播。

三、在权威合谋的背后

由于社会性别偏见的传播往往是隐形的，为这种偏见在大众传媒上的传播找到了自然的契合点。因为我们知道，以客观性为标榜的大众传媒在价值观的传递上也往往是隐形的。同时，由于社会性别偏见深深植根于社会文化之中，各个社会阶层、社会力量，乃至传媒本身或多或少的都受其影响，容易形成共识，并自觉不自觉地联合起来推动这种偏见的进一步传播和深化，从而影响更多的人。

从某种意义上说，这种恶性循环是难以被轻易打破的。因为，通过上述个案分析也证明了，媒体权威和其他权威合谋以后，在对社会性别偏见的传播上会产生明显的"1+1>2"的效果，使公众更容易接受劝服。

一方面，媒体固有的优势往往容易给偏见罩上令人信服的外衣。从传媒的社会职能上来看：传媒社会之公器的职能，使传媒在社会公众中具有较大的威信，其传播的信息容易让受众信服。从新闻的运作方式上来：客观、真实、公正、平衡，一直是新闻固有的追求，而一些看似客观的表现手法，看似公正、平衡的新闻处理，往往容易使人们放松对新闻信息可靠性的警惕，减弱对其中可能隐藏的偏见的敏感度，从而导致对这些信息的接受，进而也潜移默化地接受其间传递的价值观念。

另一方面，各种社会力量的参与，使偏见的传播有了可依托的社会土壤。作为信息传递的工具，传媒总是作为中介而存在，它存在于传受关系中。因此，一个单独的传媒是没有多大用武之地的，它总是要依附于一定的社会环境，也正因如此，它不可避免的要受到各种社会力量的影响，传媒所传播的思想，往往是在社会生活中占主导地位的思想，传媒所承载的文化，也往往反映的是这些力量的存在方式。因此，如果作为社会主导的这些思想和文化是隐含着性别偏见的，社会性别偏见的广泛传播和被接受也就毫不令人诧异了。

所以，要杜绝传媒和其他社会力量在传播社会性别偏见上的合谋，首先得根除在我们文化中深藏的偏见。在这项事业上，传媒也是可以大有作为的，如果我们的大众新闻传播者能经常性的、自觉地审视自己是否带着一些不易被他人甚至被自己察觉的偏见传播新闻，那么在没有性别偏见的社会文化的建构上，大众传媒将发挥巨大的作用。

大众传媒在严重社会问题发现、规避上的作用

近年来，由于重大自然灾害、传染性疾病和社会矛盾激化等公共危机频频出现，被誉为"时代瞭望者"的大众传媒在危机中的预警作用越来越多地受到人们的重视，这些研究自然而然地把焦点集中在对自然灾害、社会突发重大事件等问题的预警上，而对那些还没有上升到危机程度，却也普遍存在的社会问题的预警却较少涉及。这些问题——诸如拖欠民工工资的问题、家庭矛盾问题、教育高消费的问题等。对社会的影响虽然尚是局部的、潜在的，但在一定程度上也有可能激化，导致社会危机。因此，传媒早期发现，并引导社会积极规避这些问题，对从根本上避免相应的社会危机具有积极意义。

《武汉晚报》近期刊登的系列报道——《建立和谐母子关系》就是传媒在社会问题预警上的一个有益尝试。从 4 月 25 日开始刊登第一篇报道始，《建立和谐母子关系》系列报道在《武汉晚报》连续刊登了一个多月，几乎每天一篇，利用多种形式反映了目前家庭关系中一个比较严重的问题——"妖魔化妈妈"现象。该报道出台后，引起广泛的社会影响，近千名学生、家长参与讨论，多位专家主动请缨为问题家庭出谋划策，中央及地方的各级媒体纷纷转载，在一段时间内，使"妖魔化妈妈"成为社会的一个重要议题，使这一现象后潜藏的社会矛盾得到了社会的普遍关注。

通过对该系列报道运作的分析，在社会问题的预警上，传媒至少具有三方面的作用：早期发现、引起重视、探求规避方法。

一、充分利用媒体优势，早期发现社会问题

根据社会学的观点，挫折使人产生反叛社会的行为，任何使人感到压抑的社会状态，如贫困、冲突、不公平的待遇、难以捉摸的前途等，都刺激人们通过反叛社会行为来解决问题，导致社会秩序的破坏，产生社会风险，并最终形成社会危机。因此，要从根本上规避社会危机，就要找到危机产生的根源所在，即发现导致相应危机的社会问题。但正如我们前面提到的，一般的社会问题往往不易引起人们重视，因为社会问题的显露往往具有较长的潜伏期；同时，它从量变向质变的转化往往是渐进式的；此外，社会问题的早期危害不显著，往往是局部的，微观层面上的。因此，如何早期发现这些社会问题，预警社会危机，是媒体需要解决的一个重要课题。

在及时发现这样的社会问题上，传媒和其他社会机构相比具有优势。一方面，新闻记

者具有长期职业培训所获得的新闻敏感。新闻敏感既能够使记者透过纷繁的现象看到事物的本质，找到现象后潜藏的社会症结所在，又能够让记者超前思维，对社会问题的发展进行前瞻性的预测，把握其重要的社会意义。另一方面，传媒信息总汇的特点，使记者广泛接触社会，从而能更早地掌握社会的动态，感知社会问题。

要及时发现严重的社会问题，除了具备新闻敏感之外，强烈的社会责任感也是传媒不可或缺的重要品格。只有具有社会责任感的传媒，才会抱着问题和忧患意识思索日常的报道活动，进而发掘出新闻背后隐藏的深层次的问题。

《建立和谐母子关系》系列报道的出台，比较充分地体现了上述几点。该系列报道的选题源于记者对一次小学生作文竞赛的采访。记者发现，3000名十龄童在作文《给我一点时间》中，不约而同的选择了一个共同题材——被妈妈逼着整天培优，学习压力大，期望妈妈给自己一点时间。在作文中，妈妈形象被"妖魔化"了，"变色龙""母老虎""河东狮吼"成为妈妈的代名词。这一作文题材的普遍性引起记者注意，同时也使记者意识到这是一个比较严重的社会问题，它揭示了目前家庭关系中存在的，但尚未引起人们重视的现象——母子关系不和谐。正因为高度的新闻敏感，记者没有单纯从作文竞赛的角度来报道这一事件，而是抓住作文竞赛这一契机，以"建立和谐母子关系"这一主题为纲，继续进行了深入采访，从学生视野、妈妈视野、专家视野、社会普通民众视野等各个方面详尽报道了这一社会现象。同时，基于社会责任感，传媒进一步探询了这一问题的社会根源和社会意义，揭示了问题存在的严重性、普遍性，给社会以警示，达到了一定的预警效果。

二、采取正确的报道方法，放大预警效应

从传播学的角度说，良好的预警效果应包括三个方面：一是促使预警事件为公众广泛知晓；二是促使公众态度朝着正确的方向转化；三是公众乃至整个社会积极采取相应行动。广泛的认知是良好预警效果的前提，是促使公众态度转化和行为改变的第一步。要使社会问题在全社会范围内达到广泛的认知，引起普遍重视，需要正确的报道方法。从《建立和谐母子关系》系列报道的实践来看，正确的报道方法主要体现在：

1. 多媒体联动，扩大信息覆盖面

不同级别、性质的媒体，有不同的受众群和不同的传播范围，因此，要使严重的社会问题为全社会广泛知晓，就需要充分利用各种媒体的集合效应。《建立和谐母子关系》系列报道之所以影响广泛，也是和多媒体的联动分不开的。报道开始不久，全国其他的一些媒体便相继加入了该事件的报道中，包括新华网、中央电视台、中央人民广播电台、《工人日报》等50多家媒体转载了该报道。传统媒体和新兴媒体，中央媒体和地方媒体的联动，放大了该系列报道的预警效果。

2. 多手段并举，增加信息传播强度

预警信息要引起人们的注意，需要一定的强势，包括报道持续时间的长短，报道手法的生动与否等。根据受众心理活动的规律，为了起到良好的预警效果，报道的持续时间应适度。时间过长，容易导致受众心理疲劳，导致对信息的对抗性解码；持续时间过短，则无法引起受众的广泛注意。同时，应根据内容及时调整信息的传播形式，力求灵活多样，以引起读者阅读兴趣。《建立和谐母子关系》系列报道持续了一个多月，报道强度是比较适宜的。而且，该系列报道形式也是比较丰富多彩的，如媒体联动、专家访谈、典型故事、代表性短信言论摘登等。而且，和报道相配合，还采取了交流会、短信互动、问卷调查等形式，使该信息在报纸上反复出现，但不显陈旧。

3. 多种反馈渠道，讲究信息传播的双向性

充分运用各种手段开展广泛的互动是这次媒体预警事件的又一大特点。从第一篇报道刊登始，报纸就呼吁人们利用手机短信和记者进行互动交流。报道刊登首日，参与短信交流的市民就达到100余人，他们的观点被迅速搬上了报纸版面，从而引起了市民的进一步参与。正是在不断的互动交流中，媒体和受众的角色逐渐融合，公众被深深卷入，报道也渐渐被推向纵深，先后讨论了《爸爸与妈妈之间为什么"妖魔化"的总是妈妈》《来自孩子们的心声》等问题。使报道从这一社会问题的现象层面深入到本质层面，从事例报道拓展到原因探讨，从关注问题到寻求解决之道。

4. 增加预警信息的可信性

只有高可信度的预警信息才能得到社会的重视。社会问题预警信息的可信度应包括两个方面。（1）信源的可信性。信息的来源应是可靠的。该系列报道吸纳了大量专家，如教育专家、社会学专家等的看法，同时提供了十余个典型家庭的案例，使预警有理有据。（2）信息的可信性。报道内容应真实、客观、公正。在报道"妖魔化"妈妈这一现象时，媒体比较公正、平衡地反映了社会各方的意见。从横向看，有专家、家长、学生、普通市民等人的观点；从纵向看，既登出了正方观点，又登出了反方观点，使报道具有较强的可信性。如在该报4月26日报道——系列报道的第二组文章中讨论"爸爸与妈妈之间为什么'妖魔化'的总是妈妈"这一问题时，版面上以"正方""反方"字眼明确提示了关于这个问题的两种截然不同的态度："妈妈们需要反思"和"'母老虎'妈妈也有理"，深入探讨了"妖魔化"妈妈现象的社会传统原因等根源性问题。

由于采取了正确的报道方法，"建立和谐母子关系"系列报道的社会认知效果是十分明显的：关于"妖魔化"妈妈现象的讨论从武汉辐射到了全国，从家庭、学校扩大到了整个社会。

三、积极发挥媒体组织者的作用，产生良好预警效果

如前所述，广泛的认知只是预警所要达到的初始效果，预警信息最终效果的实现，依赖于公众态度和行为的改变。那么传媒在社会问题预警上，怎样才能促使公众态度转化乃至采取切实的行动呢？

首先，采取敲警钟的方法，使公众正视社会问题的危害。运用敲警钟的方法唤起人们的危机意识和紧张心理，促成他们的态度向特定方向转化，是传媒预警常采用的方法。它对事物利害关系的强调可最大限度地唤起说服对象的注意，促使他们接触有关信息，所造成的紧迫感可促使人们迅速采取行动。《建立和谐母子关系》系列报道的全过程基本上是一个敲警钟的过程：报道首先凸显了3000名儿童"妖魔化"妈妈的新闻事件，突出问题的普遍性，接着刊登了大量案例，显示事态的严重性，如《14岁少年被妈妈逼得平添白发》《谁让女儿前途一片黯淡》《学习压力逼得女儿得抑郁症　诊治10万元　唤不回健康女儿》《父母教育方法分歧易生恶果　14岁男孩操起板凳砸向父亲》等，促使报道的警钟效果达致两个层面，在个人层面，较好地唤起了人们的危机意识，冲击了人们传统的教育观念，在社会层面，则引起了社会的普遍重视，首先是各级媒体，其次是专家学者、教育工作者，再次是政府有关部门。

其次，给公众树立好、坏典型，起到示范作用。态度转化后，公众行为的改变就需要榜样的示范作用。好的榜样给公众提供直接的模仿对象，坏的典型则能给公众以警醒，促使公众向与之相反的方向采取行动。该系列报道通过大量的家庭案例的剖析，为公众提供了这两方面的典型，如成功母亲、学子的现身说法，问题家庭的教育症结探索等。

再次，通过专家意见，给公众提供权威性和指示性信息。在处理社会问题时，相关专家权威性的意见往往会给公众行为产生重要的影响，因此，传媒在广泛报道公众意见的同时，也要充分应用专家所能带来的效应，让公众了解专家的意见，并有机会和专家交流。《建立和谐母子关系》系列报道，通过成立专家团，召开交流会，成功地为公众与专家的交流搭建了平台。

通过《建立和谐母子关系》系列报道的运作，可以发现，传媒从问题的消极反映者，生活的旁观者，成为解决问题的积极组织者、参与者，这种积极的角色转化，是传媒在社会问题的发现、预警上发挥作用的必然要求。

报社记者职业活动中的心理疲劳

医学上把心理压力造成的疲劳称作心理疲劳。在这里，我们主要探讨记者心理疲劳，而且侧重于影响记者心理疲劳的职业活动因素。

近年来研究记者心理的论著越来越多，内容涉及记者心理的影响因素及具体新闻活动中的心理等各方面，但是，关于记者职业活动中的心理疲劳的研究却比较少见。通过中国期刊网检索了1994年至今发表的新闻心理学方面的学术论文，发现：在数百篇论文中，专门研究记者职业活动中的心理疲劳的文章所占比例十分微小，而且主要是从如何克服记者心理疲惫的角度论述，关于记者心理疲劳的发生因素等方面几乎没有涉及。此外，在已经出版的各类新闻心理学和传播心理学著作中，也仅有个别著作简单地论述了记者职业疲劳症的表现，没有对这一问题进行深入探讨。然而，通过各种新闻报道，与新闻从业人员的直接接触，我们了解到，记者的职业活动中的心理疲劳问题正变得越来越突出。因此，有必要加强对记者职业活动中的心理疲劳的研究，以引导新闻单位和记者免除或减少职业活动中心理疲劳的发生因素，帮助记者克服倦怠感，更好地服务于新闻实践工作。

本文以报社记者为例，集中探讨以下问题：一是记者在职业活动中是否容易发生心理疲劳？二是产生心理疲劳的原因主要有哪些？三是不同性质、级别报纸记者在心理疲劳的发生和应对上有什么差异？

一、假设

根据心理学观点，工作负荷、时间压力、角色冲突、缺少自控与职业活动中的心理疲劳具有一定程度的相关。而较大的工作负荷和时间压力，缺少自主性，正是我国记者目前面临的问题：由于工作劳动量大、工作节奏快、政治性强、广泛接触社会、难度高等职业特点，记者很容易超负荷工作。同时，由于公众对记者职业较高的角色期待如"信息流通的动力""意见交流的桥梁""监督权力的镜鉴""社会民众的教师"[1] 等，也容易造成记者在职业活动中的角色冲突。此外，根据一些学者的调查，我国新闻工作者"对自己在工作中获得的自主程度评价不高"。[2]

因此，综合以上种种因素，以及其他的一些研究，可以得出：

---

① 童兵. 理论新闻传播学导论 [M]. 北京：中国人民大学出版社，2000，29.
② 陆晔. 社会控制与自主性——新闻从业者工作满意度与角色冲突 [J]. 现代传播，2004，6.

（1）假设一：报社记者在职业活动中容易发生心理疲劳。

根据新闻心理学学者刘京林的观点，影响传者心理主观反应的原因主要有 3 个：生理原因、心理原因和社会的、民族的、文化的原因。心理学者戴维·丰塔纳在《驾御压力》一书中也提出，"压力取决于两个因素：外在的要求和内在的承受力。"[①] 据此，可以把影响记者职业活动中心理疲劳的变量分为两个方面：环境变量和记者自身变量。得出假设二和假设三。

（2）假设二：环境因素是影响记者职业活动中心理疲劳的变量之一。

（3）假设三：个体生理、心理状况影响记者职业活动中心理疲劳的产生。

由于记者工作的复杂性，在某些情景下，记者感受的压力可能比在别的情景下更大，因而更容易诱发心理疲劳，如人际关系紧张、工作失误、工作过度、新闻官司等。在不同的年龄段和新闻从业时限，由于内在和外在因素的改变，记者对压力的承受能力也可能发生变化，因此，可以假设：

（4）假设四：记者职业活动中的心理疲劳有诱发因素和好发时间段。

由于各种信息手段的渐次普及，尤其是记者处于获取各种信息的有利地位，故可以假设：

（5）假设五：记者对心理疲劳有较好的认知。

二、研究的方法与步骤

本研究主要采取问卷调查来验证假设。

（一）问卷的设计

问卷分为两个部分，第一部分主要了解被调查者的基本情况，包括：年龄、性别、性格、婚姻状况、分工、从事工作年限、对记者职业的感情、对心理疲劳发生因素的看法等。第二部分主要了解职业活动中的心理疲劳的好发时间段、诱发因素、心理疲劳的应对等。

问卷的设计是在对记者进行广泛的访谈的基础上进行的，经过效度检验，具有较高的效度。

（二）问卷的发放和回收

共印制问卷 80 份，发往湖北省 4 家报社的记者，分别是省级党报、省级市民生活报、地市级党报、地市级市民生活报各 20 份。只调查这四种类型的报纸记者，主要是基于以下考虑：①研究力量和容量的限制。②党报和市民生活报目前在我国是比较典型、具有一定代表性的报纸种类。

---

① 戴维·丰塔纳. 驾御压力 [M]. 邵蜀望译. 北京：三联书店，1996，4.

半月后回收问卷 60 份，去除无效问卷一份，共计 59 份。

（三）问卷的分析

我们从环境变量和记者自身变量两个变量来分析记者心理疲劳的发生。其中，环境变量分为两个层面：具体工作环境和社会环境，工作环境包括记者所处报社性质、级别的差异，记者职业特点、职业分工；记者自身变量主要包括记者的性别、个性、年龄、工龄、婚姻家庭、职业情感等。

在分析记者对心理疲劳的认知上，我们主要分析两个方面，一是记者对心理疲劳危害的了解程度，二是记者对心理疲劳的应对情况。

三、检验

（一）对"假设一：报社记者在职业活动中感到心理疲劳"的检验

在被调查的记者中，有 96.6% 的人感到心理疲劳，50.8% 的人感到经常疲劳，45.8% 的人感到偶尔疲劳。此外，91.5% 的记者认为职业压力大，和其他职业比更容易疲劳。可见，记者心理疲劳问题比较严重，假设一得到证实。

（二）对"假设二：环境因素是影响记者职业活动中心理疲劳的变量之一"的检验

据统计，报社的级别、性质，记者职业特点，记者职业分工和记者工作所处的社会环境和记者职业活动中的心理疲劳的发生有相关性。假设二得到证实。

（1）记者所处报社性质、级别不同，职业活动中的心理疲劳的发生率不同：市民生活报记者感到心理疲劳的比例和程度略低于党报；地市级报纸记者感到心理疲劳的程度要略高于省级报纸。这四类报纸记者感到心理疲劳的程度从高到低依次是：省级党报、地市级市民生活报、地市级党报和省级市民生活报（表1-3）。

表1-3 不同性质、级别报社记者心理疲劳情况

	该项总有效问卷	经常感到疲劳人数	经常感到疲劳人数占该报总调查人数比例（%）	偶尔感到疲劳人数	偶尔感到疲劳人数占该报总调查人数比例（%）	没感到疲劳人数	没感到疲劳人数占该报调查总人数比例（%）
省级市民生活报	15	6	40	8	53.3	1	6.7
省级党报	15	9	60	6	40	0	0

地市级市民生活报	17	10	58.8	6	35.1	1	5.9
地市级党报	12	5	41.7	7	58.3	0	0
总计	59	30	50.8	27	45.8	2	3.4
备注	总有效问卷 59 份，其中感到疲劳者 57 人，占 96.6%。

（2）记者的职业特点容易导致心理疲劳的发生。记者工作的 5 个特点：工作节奏快、劳动量大、难度高、政治性强和责任重大、广泛接触社会，均被认为和心理疲劳的发生有关。这些特点按最容易引起心理疲劳的程度依次为：劳动量大、工作节奏快、政治性强和责任重大、广泛接触社会、难度高。

此外，不同性质、级别报纸记者对这些特点的心理反应不同：党报记者在政治性强和责任重大方面承受更大的压力，市民生活报记者在劳动量大、节奏快方面承受更大的压力；省级报纸记者更容易感受到工作节奏快带来的压力，而地市级报的记者在劳动量大方面感受到更大的压力，见表 1-4。

表 1-4　记者对职业特点和心理疲劳发生关系的看法

	有效问卷（份）	认为工作节奏快致心理疲劳（人）	占该报有效问卷比例（%）	认为劳动量大致心理疲劳（人）	占该报有效问卷比例（%）	认为难度高致心理疲劳（人）	占该报有效问卷比例（%）	认为政治性强、责任重大致疲劳（人）	占该报有效问卷比例（%）	认为广泛接触社会致疲劳（人）	占该报有效问卷比例（%）
省级党报	15	11	73.3	10	66.7	6	40	11	73.3	3	20
省级市民报	15	13	86.7	10	66.7	5	33.3	7	46.7	4	26.7
地市级党报	12	7	58.3	8	66.7	4	33.3	8	66.7	5	41.7
地市级市民报	17	9	52.9	14	82.4	1	5.9	5	29.4	5	29.4
总计	59	40	67.8	42	71.2	16	27.1	31	52.5	17	28.8

（3）记者职业分工不是心理疲劳发生的良好预测指标。

主要采写通讯、副刊及其他类的记者在心理疲劳的发生率上是一致的，仅主要采写消息的记者在心理疲劳的发生率上略低，但没有显著差异，见表1-5。

表1-5 职业分工不同的记者心理疲劳情况

采写通讯			采写消息			副刊写作			其他		
总人数	感到疲劳人数	比例（%）	总人数	感到疲劳人数	比例（%）	总人数	感到疲劳人数	比例（%）	总人数	感到疲劳人数	比例（%）
30	30	100	42	40	95.2	10	10	100	7	7	100

（4）记者职业所处的社会环境容易导致职业活动中的心理疲劳的发生：70.2%的被调查记者认为和记者职业有关的社会因素是导致心理疲劳的原因之一。他们认为这些社会因素和职业活动中的心理疲劳的相关程度依次是：竞争性的经济环境、报业改革、政策法规对新闻单位的限制、我国民主政治的现状对新闻单位的影响、其他因素。

同时，不同性质、级别报纸记者对这些社会因素的心理反应不同：市民生活报记者因报业改革所承受的压力要大于党报，而因政治性因素所承受的压力要小于党报；省级报记者认为报业改革是仅次于竞争性的经济环境的，容易造成心理疲劳的社会因素，而地市级报纸的记者认为，政策、法规对新闻单位的限制是容易造成心理疲劳第二位的社会因素，见表1-6。

表1-6 记者对社会因素和心理疲劳发生的关系的看法

	认为和竞争性经济环境相关		认为和政策、法规限制相关		为和政治性因素相关		认为和报业改革相关		持其他观点	
	人数	占该报有效问卷比例（%）	人数	占该报有效问卷比例（%）	人数	占该报有效问卷比例（%）	人数	占该报有效问卷比例（%）	人数	占该报有效问卷比例（%）
省级党报（有效问卷15份）	10	66.6	6	40	3	20	7	46.7	1	6.7
省级市民生活报（有效问卷14份）	7	50	4	28.6	3	21.4	5	35.7	0	0

地市级党报 （有效问卷 8 份）	4	50	2	25	2	25	1	12.5	0	0
地市级市民生活报 （有效问卷 12 份）	8	66.7	6	50	1	8.3	6	50	2	16.7
总计	29	59.2	18	36.7	9	18.4	19	38.8	3	6.1

（三）对"假设三：个体生理、心理状况影响记者职业活动中的心理疲劳的产生"的检验

根据统计，记者性别、年龄、工龄、婚姻状况、性格向度、对记者职业的感情等是记者职业活动中的心理疲劳发生的影响因素。

假设三得到证实。

（1）男记者比女记者更容易感到心理疲劳。女性记者心理疲劳发生率最高的报纸是省级党报、其次是省级市民生活报、地市级市民生活报、地市级党报。最容易让男性产生心理疲劳的报纸是地市级市民生活报，其次是省级党报、地市级党报、省级市民生活报，见表 1-7。

表 1-7　不同性别记者心理疲劳情况

	女性					男性			
		经常疲劳		偶尔疲劳			经常疲劳		偶尔疲劳	
	总人数	人数	占该报 女性记者 （%）	人数	占该报 女性记者 （%）	总人数	人数	占该报 男性记 者比例 （%）	人数	占该报 男性记 者比例 （%）
省级市民 生活报	2	1	50	0	0	13	5	38.5	8	61.5
省级党报	7	4	57.1	3	42.9	8	5	62.5	3	37.5
地市级市民 生活报	11	5	45.5	5	45.5	6	5	83.3	1	16.7

续表

地市级党报	5	2	40	3	60	7	3	42.9	4	57.1
总计	25	12	48	11	44	34	18	52.9	16	47.1

（2）性格向度不是记者职业活动中的心理疲劳发生的良好预测指标。自认为具有外向型性格和内向型性格的记者和自认为具有中性性格的记者相比，心理疲劳的发生率没有非常显著的差异。这一点和其他关于心理疲劳的研究是一致的[①]。

但统计还是显示了中性性格的记者比外向型性格和内向型性格的记者心理疲劳的发生率要略低，这支持了新闻心理学学者刘京林对记者性格向度的调查：具有中等向度的性格的人更适合做记者工作，见表1-8。

表1-8 不同性格记者心理疲劳情况

内向			外向			中性		
总人数	感到疲劳人数	比例（%）	总人数	感到疲劳人数	比例（%）	总人数	感到疲劳人数	比例（%）
5	5	100	9	9	100	44	42	95.5

（3）年龄不是记者心理疲劳的良好预测指标。由于受调查的各报记者年龄都比较年轻（这和我国新闻界的整体情况一致），所以接受调查的40岁以上记者比较少，故不能肯定40岁以上记者是否都在职业活动中感到心理疲劳。但根据现有统计资料显示：虽20～30岁的记者比其他年龄段的记者心理疲劳的发生率要略低，但各年龄段记者心理疲劳的发生没有显著的差异。这和心理学者李永鑫的观点不相一致，他认为"年轻员工报告的倦怠水平高于30或40岁以上的员工。"关于这点，需要进一步调查分析，见表1-9。

表1-9 不同年龄记者心理疲劳情况

20-30岁			31-40岁			41-50岁			50岁以上		
总人数	感到疲劳人数	比例（%）	总人数	感到疲劳人数	比例（%）	总人数	感到疲劳人数	比例（%）	总人数	感到疲劳人数	比例（%）
47	45	95.7	10	10	100	1	1	100	1	1	100

---

① 刘锵. 情感——记者新闻活动的重要心理能量 [J]. 新闻前哨, 2001.

（4）工龄不同，记者心理疲劳发生的频率不同：从事记者工作 5 年以上的记者心理疲劳的发生率最高，100% 都发生了心理疲劳；其次是工作一年以上，五年以内的。工作 1 年内的记者心理疲劳发生率最低，见表 1-10。

表 1-10　不同工龄记者心理疲劳情况

1 年以内			1-5 年			5-10 年			10-20 年			20 年以上		
总人数	感到疲劳人数	比例（%）	总人数	感到疲劳人数	比例（%）	总人数	感到疲劳人数	感到疲劳人数占该群体总人数比例（%）	总人数	感到疲劳人数	比例（%）	总人数	感到疲劳人数	比例（%）
10	9	90	29	28	96.6	15	15	100	4	4	100	1	1	100

（5）婚姻家庭状况不同，记者心理疲劳发生的频率不同。按记者发生心理疲劳比率从低到高排序，依次是已婚有小孩的记者、未婚记者、已婚无小孩记者（由于离异记者在被调查记者中仅占一例，没有统计价值，故忽略不计）。这和其他研究结论是一致的："未婚者（尤其是男性）和已婚者相比，更有可能产生倦怠。"

（6）对记者职业感情不同，记者心理疲劳发生的频率不同：热爱记者职业的记者比对记者职业抱有一般性感情的记者发生心理疲劳的比例略低。据心理学观点，情感是记者的一种重要的心理能量，积极的情感能促进活动的动机，消极的情感则对活动的动机产生阻止和破坏活动。由此可以解释记者对职业所抱的情感不同，对职业压力的承受力也不同这一现象。

（四）对"假设四：记者职业活动中的心理疲劳有诱发因素和好发时段"的检验

统计显示：工作紧张劳累是记者职业活动中心理疲劳发生的最重要的诱发因素，其次是职业、家庭冲突、对待遇等不满、人际关系紧张、工作失误和其他等。

此外，不同级别、性质报纸记者职业活动中心理疲劳的诱发因素也有差异。

（1）不同级别报纸：和地市级报纸相比，省级报纸记者更倾向于在职业、家庭冲突时感到心理疲劳。省级市民生活报记者在职业、家庭冲突时承受的压力尤其显著。而省级党报记者和地市级党报记者相比，在人际关系紧张，对待遇等不满时，承受更大的压力。

（2）不同性质报纸比较：和市民生活报相比，党报记者更倾向于对待遇等不满感到心理疲劳，而市民生活报记者则是在职业、家庭冲突的情况下更容易发生。

在人际关系紧张、工作失误、职业、家庭冲突的情景下地市级市民生活报记者承受的压力要显著高于同级党报，见表 1-11。

表 1-11　记者对职业活动中的心理疲劳诱发因素的看法

	认为工作紧张、劳累是诱发因素		认为人际关系紧张是诱发因素		认为工作失误是诱发因素		对待遇等不满		认为职业、家庭冲突是诱发因素		持其他观点	
	人数	占该报有效问卷比例（%）	人数	占该报有效问卷比例（%）	人数	占该报有效问卷比例（%）	人数	占该报有效问卷比例（%）	人数	占该报有效问卷比例（%）	人数	占该报有效问卷比例（%）
省级党报（有效问卷 15）	12	80	3	20	0	0	4	26.7	3	20	3	20
省级市民生活报（有效问卷 14）	14	100	2	14.3	1	7.1	4	28.6	14	100	0	0
地市级党报（有效问卷 12）	9	75	1	8.3	1	8.3	2	16.7	2	16.7	0	0
地市级市民生活报（有效问卷 16 份）	13	81.3	3	18.8	3	18.8	4	25	6	37.5	2	12.5
总计（有效问卷 57 份）	48	84.2	9	15.8	5	8.8	14	24.6	25	43.9	5	8.8

此外，记者职业活动中的心理疲劳有其好发时段：记者第一次感到心理疲劳的时间段集中在从事记者工作 1 年以上，5 年以内这一期间。其次是从事记者工作 1 年内，再次是

在从事记者工作 10~20 年间。省级党报、省级市民生活报、地市级党报记者职业活动中的心理疲劳的好发时段没有显著差异。仅地市级市民生活报记者第一次感到职业活动中的心理疲劳的时间段和其他报纸不同：多数记者在从事记者工作 1 年内就开始感到心理疲劳。

假设四被证实。

（五）对"假设五：记者对心理疲劳有较好的认知"的检验

（1）大多数记者知道心理疲劳的危害，广泛得到记者认知的危害是生理危害和对工作的影响。

（2）关于如何应对心理疲劳，记者们采取的方法从多到少依次是：休息、倾诉、忽视、其他方法、考虑更换职业。有 40% 的记者找不到有效的方法克服心理疲劳，见表 1-12。

表 1-12　不同报社记者心理疲劳应对方式

	休息		忽视		考虑更换职业		倾诉		其他		找不到方法	
	人数	占该报有效问卷比例（%）	人数	占该报有效问卷比例（%）	人数	占该报有效问卷比例（%）	人数	占该报有效问卷比例（%）	人数	占该报有效问卷比例（%）	人数	占该报有效问卷比例（%）
省级党报（有效问卷15份）	6	40	4	26.7	2	13.3	3	20	2	13.3	5	33.3
省级市民生活报（有效问卷14份）	7	50	4	28.6	0	0	3	21.4	1	7.1	3	21.4
地市级党报（有效问卷11份）	7	63.6	1	9.1	1	9.1	2	18.2	2	18.2	1	9.1
地市级市民生活报（有效问卷16份）	8	50	2	12.5	1	6.25	5	31.25	4	25	3	18.75
总计	28	50	11	19.6	4	7.1	13	23.2	9	16.1	12	1.4

不同性质不同级别报纸记者在应对心理疲劳时倾向于采取不同的方法。综合而言，省级报纸记者和党报记者在应对心理疲劳上相对消极。和地市级报纸记者相比，省级报纸记者更倾向于忽视心理疲劳，而地市级报纸记者则更喜欢倾诉。和市民生活报记者相比，党报记者更多展现在找不到方法处理，而市民生活报记者更喜欢用倾诉的方式应对。在考虑更换职业一项上，市民生活报记者的比例显著低于党报记者。

假设五被部分证实。

此外，虽然不是我们的假设范围，但我们仍然调查了记者对报社应对记者心理疲劳措施的期待，发现：合理的待遇是记者对报社在采取措施帮助记者克服职业活动中的心理疲劳时最主要的期待，其次是良好的团队环境和经常性的关心，见表1-13。

表1-13　记者对报社在应对职业活动中的心理疲劳的期待

	良好团队环境		合理待遇		常对记者关心		适当教育指导		其他	
	持该观点人数	占该报有效问卷比（%）	持该观点人数	占该报有效问卷比例（%）	持该观点人数	占该报有效问卷比例（%）	持该观点人数	占该报有效问卷比例（%）	持该观点人数	占该报有效问卷比例（%）
省级党报（有效问卷15份）	4	26.7	13	86.7	11	73.3	6	40	2	13.3
省级市民生活报（有效问卷14份）	13	92.9	12	85.7	7	50	5	35.7	2	14.3
地市级党报（有效问卷11份）	7	63.6	10	90.9	7	63.6	3	27.3	2	18.2
地市级市民生活报（有效问卷16份）	12	75	13	81.3	11	68.6	7	43.8	2	12.5
总计	36	64.3	48	85.7	36	64.3	21	37.5	8	14.3

四、研究结论

研究中，我们有一些发现，主要包括：

（1）报社记者的心理疲劳问题比较严重。大部分记者认为记者职业压力大，和其他职业相比更容易发生心理疲劳，报社记者中心理疲劳的发生具有普遍性。但和心理疲劳的高发生率相比，记者对心理疲劳的应对却很不足，相当一部分记者找不到正确的方法应对心理疲劳。这无疑将给记者的身心健康和工作带来隐忧。因此，在记者中普及心理健康知识，开辟多种渠道关心记者的心理健康，应引起各级新闻机构的重视。

（2）省级党报和地市级市民生活报记者的心理健康问题相对更加严重。省级党报和地市级市民生活报记者心理疲劳的发生率最高，对竞争性的经济环境、报业改革、政策法规限制感受到的压力更大，同时，在心理疲劳的应对上，也倾向于消极。

省级党报记者心理疲劳发生率相对较高，和工作有关的原因可能在于：省级党报对记者的责任性、政治性的要求更高，而党报记者"规定动作"多，自主性相对最低，而这都是心理疲劳的易发因素。

地市级市民生活报记者心理疲劳情况也比较严重，可能和地市级市民生活报目前的生存状态有关：地市级市民生活报面临报业改革的压力较大，有更强烈的生存危机。同时，由于经济压力，记者往往要承担新闻采访业务外的任务，如发行任务等。

（3）男性记者比女性记者更容易在职业活动中感到心理疲劳。关于这一点，可以在戴维·丰塔纳所著的《驾御压力》一书中找到原因，丰塔纳认为"性别的成见将不同的压力加在不同的性别上，也允许有不同的反映。女性在缺乏地位、工作情景不明确、缺乏权力、缺少多样化（包括家庭和职业间时间冲突）等方面面临更大压力。而男性在不利于交际的时间（如会议等冗长）、与上司的矛盾、与同事的冲突以及职业责任方面承受更大压力。"结合记者工作的职业特点：工作节奏快、劳动量大、难度高、政治性强和责任重大、广泛接触，我们可以分析发现，记者职业的特殊性更容易让男性承受压力，而不是女性。

同时，依据荣格的分析，"感觉型"的个体比"思维型"的个体更容易体验到倦怠，特别是人格解体，而男性具有较高的情感人格解体倾向。

（4）鉴于记者职业活动中的心理疲劳的发生有好发时段和诱发因素，有关部门和记者自身可以据此积极采取措施应对，如报社应注意合理安排记者工作任务，尽可能避免记者工作负荷过高，同时改善记者工作待遇，把对记者的关心落到实处。记者也要自我减负，同时加强与家人和上级的沟通，以获得支持和帮助等。

从"自我清高者"到"修辞敏感者"——传者角色的转变

近年来，针对读者反映的报纸可读性差和客观上出现的报纸发行量下降、经营困难的状况，对报纸进行市场化改革的呼声越来越高，大多数报纸也积极行动起来，投入到这场改革中。但从目前的情况来看，多数报纸的经营状况和真正的市场化还有很大差距。"一张报纸市场化程度的高低取决于其报业经济结构中来自于广告的收入和来自于读者自费订阅的收入在报业总收入中所占的比例"。我们知道，报纸广告市场的开拓也有赖于发行市场所形成的传播网络，所以，追求有效发行量是报纸市场化改革的一大关键，而发行正是一直依赖公费订阅的报纸经营的一大瓶颈。怎样才能扩大报纸的发行量呢？最好的答案可能是：办一张读者可读、必读的报纸。要做到这一点，报纸首先必须敏感地感知读者的需求，并根据读者的需求提供信息。当然，在满足读者需求的同时，也要坚持自身的立场和原则，不能读者要什么就给什么，置舆论导向和社会责任于不顾。即：媒体应做传播学者罗德里克·哈特在"修辞敏感性"理论中所提出的"修辞敏感者"，而不是"自我清高者"和"修辞反映者"。

一、"修辞敏感者""自我清高者"和"修辞反映者"

修辞敏感性是指传播者根据听众的需要改变讯息的倾向。这个理论是由美国传播学者罗德里克·哈特和他的同事们发现的。他们发现，有效的传播产生于你敏感、小心谨慎的调整对听众说的话。

传播学者区分了三种不同类型的传播者：

自我清高者。这种传播者坚守自己的个人理想，一成不变，不会根据他人情况进行适应调整。

修辞敏感者。这类传播者具有修辞敏感性，即：既关心自身又关心他人，同时也关注交流、传播的情景。

修辞反应者。这类传播者完全根据别人的愿望改变自己，几乎没有个人的考虑。

哈特认为修辞敏感者优于另外两类传播者。修辞敏感性导致传播者对思想更有效的理解和接受。具有修辞敏感性的传播者承认人的复杂性，懂得个人是多重自我的复合体。修辞敏感者在与他人接触时力避机械呆板，会根据他人的层次、情趣、信仰对自己要说的话进行调整。他们并不放弃自己的价值观，但他们知道一个想法可以用多种方式来表达，为了达到传播的效果应根据听众的情况调整自己表达想法的方式。

哈特的研究主要是基于人际交流的，但我们也可以把这种理念引入大众传播领域。其实，在大众传播理论中的媒介体系模式理论里，就可以发现哈特理论的影子。

英国学者丹尼斯·麦奎尔和瑞典学者斯文·温德尔在他们合著的《大众传播模式论》中，详细介绍了三种媒体体系模式：

德福勒的美国大众媒体体系（或自由主义媒介模式）。这种模式理论认为，可以把受众分为有高度文化修养的人、中度文化修养的人、没有文化修养的人三个层次。这三种受众的数目在社会公众中是逐级增多的，呈金字塔结构。他们的欣赏趣味也是不同的，分别对应于高级趣味、中等趣味和低级趣味三个趣味层次。媒介根据他们趣味的不同分别提供具有高级趣味的内容、中级趣味的内容、低级趣味的内容。在自由主义模式下，主要由于商业压力，媒介提供的不同层次的内容和受众的不同层次的需求基本符合，即低级趣味的内容最多，中等趣味的内容次之，高级趣味的内容最少。

社会责任模式。由于来自政治方面或文化界精英的压力，社会责任模式要求制作者提供信息、教育和文化并满足可能在商业上并不可行的少数人的趣味，导致媒介内容中中级、高级趣味内容的增多，低级趣味的内容相对减少。

苏联社会主义模式。这种模式里，由于受商业的影响更小，媒体在"内容的供给上，可能更少考虑受众的直接消费需求，而是更多的受选择标准的支配。"

把这三种模式和修辞敏感性理论结合起来分析，可以发现，在自由主义模式体系中，媒体具有明显的修辞反映者的特点：媒体完全根据受众的需求制作信息，可能较少顾及自己的原则和立场；在苏联社会主义模式中，媒体则具有自我清高者的特点：根据自己的价值标准制作信息，基本上不考虑受众的需求；社会责任模式中的传者和修辞敏感者也有一定的相似之处，媒体既考虑市场的需要，又关注自身的价值和责任。

二、当前媒体的传播者角色："自我清高者"成分占很大比重

用这两种理论来看我国媒体目前的传播者角色，可以发现，数十年来，我国的媒体在面对读者时，在相当程度上充当着自我清高者的角色：一方面，把读者看作是一个没有个体差异的整体，在新闻传播上主要采取宣传灌输式，对读者的个体需求不敏感；另一方面，部分媒体的办报模式多年来鲜有变化，没有考虑到随着时代和环境的改变，读者的结构、读者的阅读需求早已经发生了变化。媒体这种"自我清高者"的传播者角色意识在办报实践中主要表现在：

内容的可读性上。长期以来，媒体在新闻的选择上，更注重宣传价值而较少考虑新闻价值，导致版面上常充满冗长的会议报道、领导讲话、经验总结，甚至原文照登有关文件。报纸上指令性报道多，批评性报道少，较少触及社会热点问题。正如有的学者所说，

"我国媒体新闻报道的主要表现方式是典型宣传,国内有学者称其为'P-F-E'模式,即媒体根据党和政府的方针政策(Politics),选取具体的典型的新闻事实(Facts),并按照政策对新闻事实进行相应的解读(Explanations),赋予一定的价值意义。根据这种方式写出来的报道很难在读者中产生共鸣。"更别说让读者觉得可读并必读了。

新闻的时效性上。多年来,作为事业单位的报社在工作方式上和行政机关类似,如双休日不出报等;部分编辑记者也养成了一些不良的工作作风,如出去采访要对方单位派车接送,缺乏争抢新闻的意识,工作中怕苦怕累等。随着新闻竞争的逐渐升级,媒体的这种工作方式越来越无法适应当前报业运营的形式。出报慢、新闻时效性差、周六、周日没报看,读者自然不愿掏钱订报。

版面的可受性上。版面缺乏新意,一成不变,也是报纸经常受到诟病的地方。"一次对石家庄市读者阅读报纸的行为调查显示,读者没有订阅报纸的首要原因是'形式死板',此外,还有读者认为新闻报道,标题'缺少新意',版面'缺乏活力',会议新闻过多。总之,'与广大读者的需求还有差距'。"

服务的周到性上。根据施拉姆"信息选择的或然率"公式:选择的或然率=报酬的保证/费力的程度。也就是说,只有当读者感到能从报纸迅速、准确地得到有用的信息(报偿的保证高),而且对这种信息的获得又很方便时(费力的程度低),他们才更有可能选择某份报纸。以此来考察媒体目前对读者的服务,姑且不论提供的信息是否为读者所认同,它在发行上存在的问题却确实为读者带来了接近信息的不便。由于很少有报纸像都市报一样到零售订户家上门订报,而且,大多数报纸在零售报摊上十分鲜见,更别说报贩沿街售卖了,所以,目前大多数报纸的发行仍主要依赖于公费订阅,零售订户在发行量中所占比例较小。

报纸这种"自我清高者"的传者角色意识所带来的后果是显而易见的:原来一直处于我国报业结构中心位置的报纸开始"边缘化"了,受众减少,维生能力薄弱。事实上,如果国家财政取消拨给各单位的订报补贴,如果随着广告经营的逐步规范化,报纸再也无法利用其政治优势刊登形象展示广告(有偿形象宣传专栏、专版),大多数报纸的生存将岌岌可危。

三、传者角色意识转变的必然趋势:从"自我清高者"到"修辞敏感者"

通过以上的分析可见,媒体传者意识的转变——从不关心受众的"自我清高者"到积极顺应改革的"修辞敏感者"——势在必行。其实,部分有远见的媒体已经迅速完成了角色转换,成为了市场化改革的先行者。

综合分析他们的经验,报纸应从以下几个方面完成从"自我清高者"到"修辞敏感者"的转换:

建立高效、充满活力的内部运作机制。报纸要真正从"自我清高者"转变成"修辞敏感者"，首先应实现报社决策层、编辑、记者角色意识的转变。通过建立一套和市场经济相适应的内部管理机制，切实调动编辑部和经营部门的积极性。只有经营部门善于分析市场行情，编辑部门积极感受读者需求，才能真正实现报纸角色的转换，形成报社"办报、经营"良性互动，在市场化改革中掌握主动。目前，有的报业集团实行的社长领导下的总编辑、总经理分工负责制，就是一个值得借鉴的内部管理制度。

以高质量的报纸，满足目标受众的需要。报纸要实现市场化改革，就要努力增加有效发行量，但报纸不可以因而走向另一个极端：认为一份报纸能满足所有读者的需求，从而让报纸成为各种内容的大杂烩。媒体也和其他报纸一样，有一个细分市场，确定目标受众的问题。作为"修辞敏感者"的媒体，它要敏锐感知的对象，不是普遍的社会公众，而是它的目标受众；报纸内容的提供、风格的设定也是为了满足目标受众的需求。只有确定了目标受众的报纸，才能找到提高质量的立足点和着力点。而媒体应怎样提高报道质量呢？有学者认为，至少应包括 6 个方面："一是改进会议报道和领导人报道，以会议和领导人活动的新闻价值大小加以选择；二是改进报道的文风，使之生动活泼；三是加强舆论监督类报道；四是加强对方针政策的解释性报道；五是丰富版面形式；六是丰富报道内容，增加可读性和必读性。"这是比较中肯的。

承认报纸的商品性，建立与之相适应的行销体制。报纸具有商品性在新闻业界和学术界目前已基本达成共识，但在以前，中国新闻界，尤其是媒体人是比较讳言这一问题的。媒体要切实完成角色意识的转变，承认报纸的商品性具有重要的意义。只有承认报纸的商品性，并认识到报纸商品和其他商品相比较具有的特殊性，才能按照商品经济中适用于报纸商品的"游戏规则"，建立一套适应市场经济的行销体制，对报纸进行科学的产、供、销，实现报纸的消费者和报纸的创办者利益上的共赢。

社会效益和经济效益并重。在进行角色转变的过程中，媒体也应注意掌握好尺度，避免成为唯受众之命是从，受众需要什么就提供什么的"修辞反映者"。尽管新闻作品具有商品性，但更重要的是它的意识形态性。尤其是媒体，它的政治性和其他种类报纸比较起来更加强烈。因此，在满足受众需求、追求经济效益的同时，媒体应始终把社会效益放在首位，重视报纸肩负的社会责任，把握正确的舆论导向。

综上所述，完成传者角色意识的转变，既是媒体走出困境的重要条件，也是面向市场，在市场中做大做强的必然要求。

从修辞格的使用看经济新闻深度报道的可读性

近年来，经济新闻深度报道在各类媒体中所占的比重越来越大，几乎所有媒体都辟有此类专栏，在推动当地的经济建设、方便群众获取经济资讯上发挥了重要作用。但通观目前媒体上的此类报道，一个问题比较突出，那就是可读性问题。正如有的学者所言：媒体的许多经济新闻都给人空洞、概念堆砌、用语绝对化、抽象等感受，缺乏可读性。怎样提高媒体经济新闻报道的可读性呢？通过对媒体经济新闻深度报道文本的统计分析，发现暂且不谈影响经济新闻可读性的其他因素，单是修辞格的使用就是一个比较有启发性的方面：具有较强可读性的经济新闻深度报道文本和一般经济新闻深度报道文本相比，在修辞格使用的频率上要高，在修辞格使用的种类上要多，在修辞格的使用方式上，也更加灵活。

一、两种文本修辞格使用的统计学分析

为了进行比较分析，我们选取湖北日报系列报道《聚焦中部话崛起》之《江西篇》和《人民日报》经济新闻版上的《经济视点》专栏文章，分别作为具有较强可读性的和一般的经济新闻深度报道文本样本。湖北日报系列报道《聚焦中部话崛起》属于由中部五省省委宣传部联合举办的聚焦中部话崛起报道的一部分。在这一报道活动中，湖北日报的39篇报道影响显著，不仅得到了湖北省委宣传部乃至中宣部的重视和肯定，也得到了广大读者的认同。报道在荆楚网上发布时，创下了200万人次的点击率。系列报道中的《江西篇》，更是以其情文并茂、有理有据，得到了普遍好评。《江西篇》共有5篇文章，分别是：《井冈精神催赣鄱》《江西的"浦东"》《景德镇嬗变》《高速通道助腾飞》《波澜不惊说赣江》。

人民日报《经济视点》文章类型、篇幅和《江西篇》相近：字数都在5000字以上，体裁也都是深度报道。而且比较重要的一点是，该栏目比较稳定，刊期也比较长，应能代表或高于我国媒体目前一般经济新闻深度报道的水平。为了和《江西篇》的报道时间段相近，我们选取了12月1日至12月15日这一区间，此期间，《经济视点》栏目共出现4次，分别刊登了四篇经济报道，分别是：《南水北调如何调来清水》《违法药品广告为啥这么多》《消除顾虑 搞好经济普查》《药材好药才能好》。

我们首先对两个样本的修辞格使用情况进行统计学分析。

考虑到新闻标题、文内标题和引言在新闻写作中的特殊性，在修辞格统计时，我们特地将其排除。同时，由于新闻"用事实说话"的语体特点，新闻中引语和摹状这两种修辞格的使用比较普遍，我们也不做统计分析，只在后面的内容中分析它们的使用差异。

此外，我们所分析的修辞格类别全部根据程希岚所著的《修辞学新编》。

通过文本分析我们发现，《江西篇》在修辞格使用的种类上比《经济视点》要多，使用频率上也要高。据不完全统计，《江西篇》文本中使用的修辞格共有 15 种（含引用和摹状），而《经济视点》文本中使用的修辞格只有 11 种。除设问外，《江西篇》中修辞格出现的频率都要高于《经济视点》，见表 1-14。

和《经济视点》相比，《江西篇》中，对比拟、对照、比喻、借代、层递、对偶等修辞格的使用尤其显著，根据修辞学观点，比喻、比拟、借代具有形象化信息的作用，对照、层递具有强化信息的作用，对偶具有催化信息的作用。

《经济视点》中，排比、设问、比喻的应用稍为突出，其中，形象化手段仅比喻一种，强化信息的手段也仅排比一种，设问属于异化信息的手段。

对于在两者的使用中都比较普遍的引用和摹状，则一个属于强化信息的手段，一个属于形象化信息的手段。

由此可见，具有较强可读性的经济新闻深度报道文本更注重修辞格的应用，而且更注重信息的形象化、强化效果。

表 1-14　不同文本中修辞格的出现频率

	比喻	借代	排比	层递	双关	对偶	设问	倒反	比拟	联珠	歇后	反复	对照
A	6.2	3.6	7.8	4.2	1.2	2.4	2	0.2	11.4	0.2	0.4	0.8	7
B	2.25	0.5	6.5	1.25	0	0.25	2.25	0	1.25	0	0	0.25	2

注：（1）表内数字单位：次/篇。

（2）表中 A 代表湖北日报《聚焦中部话崛起——江西篇》；B 代表人民日报《经济视点》专栏报道。

二、两种文本修辞格使用的修辞学分析

通过分析我们发现，两类文本在修辞格的具体使用方式上也存在着比较显著的差异，主要表现在：

一是修辞格使用的目的不同。

《经济视点》文本修辞格使用的目的主要是为了报道事实，而《江西篇》中修辞格的使用则更多的起到了装饰性的作用，具有明显的修辞特点。

比如在"引用"的使用上。两类文本在"引用"的使用频率上都比较高，但在引用的类型上，《江西篇》"明引"和"暗引"都较多，而《经济视点》以明引居多；在引用

的内容上，《经济视点》主要是引用的被采访人的谈话、有关部门的数据等文中不可或缺的新闻事实，其目的在于说明事实。而《江西篇》除了引用上述内容外，还大量引用了诸如典故、诗词等内容，不仅在于说明事实，也力求使事实更加形象化、突出，以增强表达效果。

同时值得一提的是两者在"摹状"的使用上。在《江西篇》的《景德镇嬗变》一文中，有这样的句子："心中有一种异样的感觉：景德镇，如同一位饱经沧桑的老人，正在静静地沉思着。"这个句子有三处地方应用了"摹状"的修辞手法："异样的""饱经沧桑的"和"静静地"。其中"异样的""饱经沧桑的"属于比较抽象、文学性较强的形容词。再看《经济视点》的《药材好　药才能好》一文中的句子："山茱萸果大、肉厚、挂果多"。该句也有三处摹状："大""厚""多"。这三个形容词风格平实，文辞简约，属于日常生活中的口语词。比较这两个句子可以发现，前者所描述的形象细腻可触、鲜明生动，句子也更富有美感，后者虽然说清了事实，但没能给人留下深刻的印象，没有"抓住眼球"。

二是修辞格使用的灵活度不同。

《江西篇》比较注重修辞格的综合应用，很多句子往往都同时使用几个修辞格。还是以前面提到的句子为例："记者爬上荷花塘边的一座小山，打量这座从梦中醒来的千年古城，心中有一种异样的感觉：景德镇，如同一位饱经沧桑的老人，正在静静地沉思中。"这个句子使用了三种修辞格：①"比拟"，用"从梦中醒来"对古城进行拟人化的描写。②比喻：用老人来比喻古城的历史沧桑。③摹状：如前文所分析的，这个句子用3处摹状来进行形象刻画。虽同时使用多种修辞格，但句子不牵强，不累赘，相反，既形象又生动。像这样的例子在《江西篇》中还有很多，《经济视点》中应用的却相对较少。

此外，在单个修辞格的使用上，《江西篇》也更加灵活。如在对照的使用上，在《景德镇嬗变》一文中，既有景德镇在不同历史时期的地位的纵向对照，又有景德镇和今日官封之瓷都——潮洲的横向对照，同时还有在同一个历史横断面内，景德镇从艺术的象牙塔到走市场的行为对照。纵横交错的对照，营造出丰富的、多层次的意象，使历史的纵深感跃然纸上。《经济视点》文本中"对照"这一修辞格的使用则要简单得多。

三、结论

由于表达手法的不同，特别是修辞格使用上的差异，使这两个文本呈现出迥然不同的风格。《经济视点》平实、庄重、文字简约、风格少变，完全忠实于消息的写作风格。而《江西篇》生动、形象、跳脱，有随笔的意味。我们认为，这两种风格的表达适用于不同的情况，前者更适用于消息，因为消息要求及时准确地传递信息，文章也比较简短。而作为深度报道，就需要更加艺术化的表达来增强可读性。因为从深度报道的本质来说，深度报道不是简单的报告事实，而是为读者梳理出关于事实的认识。为了在讲道理的同时又吸引住读者，就需要动用多种表达技巧使事实更形象化。同时，从深度报道的文体特点来说，深度报道由于解析的需要，往往比消息有更长的篇幅。这也需要增强它的可读性，以克服读者阅读时的疲劳。

修辞格的使用正是增强深度报道可读性的可行办法。童山东在《修辞手段的基本类型和功能发生》一文中，认为修辞手段可以促使"信息量的物化"和"信息量的增加"，即：形象化修辞手段可以使信息内容在传输中具有最适宜的距离；强化信息和异化信息的手段使信息鲜明；催化的手段可以使信息以最佳的形式和适宜的程度为受信者接收。

那么怎样利用修辞格增强媒体经济新闻深度报道的可读性呢？针对经济新闻深度报道的特点，至少得注意以下问题：

（1）应用修辞格加强表达技巧上的艺术性。利用修辞格增强经济新闻深度报道文本表达技巧上的艺术性，最突出的一点在于使经济理论、数字形象化。经济新闻中经济理论、数字的使用是在所难免的，而这些恰恰是普通读者不易理解也不感兴趣的。

据统计，《经济视点》文本中的数字共有 49 条，平均每篇文章 12.25 条。《江西篇》中也有很多数字。由于修辞格的巧妙使用，《江西篇》中的数字要比《经济视点》中的数字略有可读性。如江西篇中多用对照的方式罗列数字，有纵比，也有横比。《经济视点》对数字的处理相对则简单一些。

此外，关于经济理论形象化的问题，《江西篇》的做法也值得借鉴。在《波澜不惊说赣鄱》一文中，为了说明"发力""借力"这一经济学上的大道理，作者使用了"风神马当"的典故，既讲故事，又讲道理，饶有风趣。

（2）应用修辞格促使表达风格上的多样化。多年来，经济新闻一直给人一种"板着面孔说教"的严肃印象。一方面固然是经济新闻离不开理论、数字等让人不易理解的内容，另一方面也在于语言表达上的故步自封："死线上的抽绎"问题在经济新闻的语言表达上比较突出——一些远离普通百姓生活的高度抽象的概念在文中堆砌，使文风呆板，缺乏亲和力。以《经济视点》的《南水北调如何调来清水》一文为例，该文充满了"加快""尽快明确""加强"等字眼，使整段文字充满了下行公文的意味，语气绝对、锋芒毕露，使受众无法体验到读解的乐趣。

通过本文对经济新闻深度报道的修辞格分析，我们可以得出启示：通过修辞方式的合理应用，经济新闻的表达风格能够多样化。例如，摹状的使用、人物话语的引用等可以使文章的语言更亲切通俗，更有人情味。同时也如我们在江西篇中看到的，比喻、排比、比拟等修辞格的恰当使用，可以使文本呈现出一种亲切、自然的随笔式的风格，既无损于真实性，也增加了可读性。

（3）应用修辞格达到文本结构上的易读性。根据弗勒施的易读性公式，"易读性 =

206.835−0.846×每一百分词的音节数−1.015×平均每句的词数"，也就是说，只有适宜长度的句子才具有易读性。而目前我国的经济新闻深度报道中的句子往往偏长，这就需要利用修辞手段使句子保持适宜的长度。如排比、层递、对偶等修辞格的应用可以将长句变短，摹状等修辞格的应用可以将短句变长。

民生新闻在和谐人文建构中的意义

构建和谐社会，离不开"和谐人文"。因为，只有树立"以人为本"的社会价值观念，形成民主、平等的社会秩序，建成确保人的各种需要得到满足的社会环境，才能真正调动和发挥人的积极性，达到人与人、人与社会、人与自然的和谐。在和谐人文的建设上，新闻媒介大有可为：新闻媒介既是和谐人文建设的重要方面，也是和谐人文建设的参与者。笔者认为，近年来在我国兴起并得到各级新闻媒体普遍重视的民生新闻，因其具有民本取向、平民视角和民生内容等特点，在和谐人文的上述三个方面（社会价值观念、社会秩序、社会环境）的实现上具有积极意义。

一、民本取向，引导"以人为本"的社会价值观念的树立

"和谐人文"的价值支点是"以人为本"，在和谐的人文环境中，主体是人，人既是和谐人文建设的主体，又是和谐人文建设的目的——建设和谐人文的目的就在于提供保障人的多方面价值实现的环境、氛围。"以人为本"价值观念的内涵可以读解为：尊重人的生命，维护人的尊严；关注人的生存意义，保障人的价值诉求；发挥人的创造才能，支持人的创造活动，肯定人的创造成果。通过新闻运作中的民本取向，民生新闻实践着"以人为本"的价值观念，并潜移默化地将这一价值观念引导为全社会的共识。

民生新闻的民本价值取向体现在其内容和形式两个方面。内容上，民生新闻强调贴近百姓生活，强调节目的服务性，体现了对人的生命、生存、生计的尊重；形式上，强调新闻的平民品格，鼓励百姓积极参与，肯定了人在社会活动中的主体性。以最早的电视民生新闻栏目《南京零距离》为例，该节目的运作方式就充分体现了上述特点。该节目由三大版块组成：社会新闻、生活资讯和投诉热线。其中，社会新闻具有很强的接近性，这种接近既是地域性的，播报的往往都是该市街头巷尾发生的新闻，又是心理上的，新闻的内容和市民生活息息相关。生活资讯版块则表现出了明显的服务性，为市民提供衣食住行全方位的资讯。投诉热线版块则既体现了接近性：投诉的内容往往都是和大家的生活密切相关的，同时，通过媒介维权也体现出一种服务性。通过接近、服务和维权，《南京零距离》充分调动了市民的积极性，形成了传播者和受众的高度互动，一方面，以前很少上镜的平民现在成了节目追踪的焦点，另一方面，观众通过投诉热线，积极参与到了节目之中。

通过以上的分析，我们看出民生新闻节目的运作形式，既较好地体现了其"以人为

本"的价值取向，同时，也有利于这种价值观在全社会的迅速传播：节目内容上的可受性和节目形式上观众的广泛参与使媒介能够迅速地设置社会议题，引导舆论；节目的服务性和平民品格则使节目往往能迅速地在公众中树立公信力，从而增加信息传播和价值传递的效果。

二、平民品格，促使民主、平等的社会秩序的形成

民主平等的社会秩序是和谐人文建设的保证，因为没有民主、平等的社会秩序，"以人为本"的社会价值观念就没有可以依托的土壤，人的需要的满足也缺乏实现的社会条件。那么，和谐人文语境中民主、平等的社会秩序主要应包含哪些内容呢？笔者认为，其核心是权力的公平分配。而要实现权力在社会的公平分配，就需要两个相互制衡的机制：一是保障平民正当权力的获得，二是制衡社会既有权力者权力的扩张和滥用。正是通过为普通民众提供话语权和开展舆论监督进行权力设限，民生新闻养成了自己的平民品格，进而在民主、平等的社会秩序的形成上发挥着积极作用。

（一）给普通民众提供话语权

民生新闻主要通过以下方式为普通民众提供话语权：

一是保障公众的媒体接近权。主要是通过投诉热线等形式，直接给公众提供运用媒体表达意见、宣泄情感的平台。楚天都市报《生活服务·维权3.15》版面上的"热线反馈"栏目就是一个典型的类似平台。该栏目逐条反映市民在生活中遇到的纠纷，并同时刊登记者采访相关部门后的反馈。通过这个栏目，公众既可以和平、理性地宣泄自己的不满，又能够获得一种"力量"（或源于舆论，或源于媒体的直接支持）去监督那些"权力大于个人"，因而常常漠视普通群众合法利益的机构或部门。

二是新闻采制中的平民视角。"镜头向下"是民生新闻的一大特点：普通市民，甚至拾荒者等都被纳入了民生新闻的报道范围，以前难登大雅之堂的市民生活中一些看似琐碎的事情也堂而皇之地登上了报纸版面、电视荧屏。专家、社会名流、官方新闻来源占主导地位的藩篱被打破了，新闻来源呈现出多样化的特点，关注平民的生活、情感等成为节目的主流。正是由于站在和受众平等的立场上，甚至是作为民众的一分子去思考受众真正需要的是什么，民生新闻才融入了受众生活，形成了和受众的鱼水关系，成为普通民众的代言人。

（二）权力设限

主要是通过舆论监督，民生新闻发挥着对社会权威进行设限和监督的作用。民生新闻

自诞生之日起，就把舆论监督作为自己一项重要的职责。有学者甚至认为"敢于批评是民生新闻的实力指标。"① 如我们前面提到的《生活服务·维权 3.15》版面，以及《南京零距离》等民生新闻节目等都是这方面的佼佼者。在 2005 年 3 月 1 日至 15 日的《生活服务·维权 3.15》版面上，共有 139 条信息，其中就有 81 条是舆论监督性质的。通过舆论监督，民生新闻对社会生活中的阴暗面，政府某些管理部门的腐败与官僚主义等进行监督，平民愤、泻民怨、促改革，效果是比较显著的。

三、民生内容，保障人民生活需要的最大满足

人文关怀——保障人民生活需要的最大满足，促使人多方面价值的实现，是和谐人文建设的目的和最终归宿。通过社会服务和社会关怀，民生新闻直接促进了充满人文关怀的社会环境的建设。

（一）传播内容上的服务性

"生活、生计、生命"基本涵盖了民生新闻的内容特点，正是围绕民生内容，民生新闻切实发挥了大众传播的服务性。一方面，媒体动员和汲取大量社会资源（如供水、电、气部门，交通运输部门，工商部门等），向社会提供公共物品和服务，方便公众安排日常生活。另一方面，媒体通过信息发布和直接搭桥，加强了个人和政府机构及其他部门之间的信息沟通。媒体是调停人，也是润滑剂，通过它的居中调停，既促进了市民对自身利益、社区利益的关注，同时，也捍卫了商家和其他社会机构的合法权益，有效减少了潜在冲突。同时，由于我国媒体是党和政府的喉舌这一性质，媒体对普通群众的深层次的关怀，就具有了更大的意义：把政府的关怀带给了群众，媒体的服务性也具有了双重意义，既为公众服务，也为政府服务。

（二）信息传播的情感注入

我国传媒以前的传播形态往往是以传者为中心的，媒体更多的是从俯视的角度看受众，很少考量受众的接受心理和情感。由于新闻中普通公众主体地位的确立，民生新闻实现了传播形态的转变：从传者中心到受众中心，传媒对以广大民众为主体的社会生活投注着热忱，带着对广大公众的真情实感去采写信息，想公众所想，供公众所需，把对公众的服务，对公众的关心落在了实处。如在《生活服务·维权 3.15》中，在版面上占据了重要篇幅的都是一些诸如"某时某刻停水"，"某地何种蔬菜上市"等琐碎的小事。如果记者没有

---

① 陈龙. 新闻本位、舆论监督、人文关怀：民生新闻的公信力要件 [J]. 中国电视，2004，4.

深沉的社会关怀意识，没有和民众休戚相关的情感联系，是不会意识到小事不小的。

综上所述，要建成和谐社会，不能忽视和谐人文的营造，而建设和谐人文，需要社会各种力量的广泛参与，尤其是作为"社会民众的教师"的新闻媒介的参与。民生新闻正是新闻媒介参与和谐人文建设的重要抓手。但是，在肯定民生新闻在和谐人文建设上所发挥的积极意义的同时，我们也必须注意到，目前部分媒体在民生新闻的运作上，也存在一些问题，这些问题如果不加以改进，不仅不利于和谐人文的建设，反而可能激化社会矛盾。比如"平民性"的浅层次表现问题：部分民生新闻把平民视角、贴近性、亲切感和肤浅、泛化、微不足道，甚至粗制滥造等同起来，使"贴近性"流于形式，成为空泛的说教。此外，庸俗化、同质化也是目前民生新闻中存在的比较严重的问题。因此，为了更好地发挥民生新闻在和谐人文建设中的作用，改进民生新闻的质量需要引起新闻媒体的重视。

中国近代女性新闻工作者及其新闻思想概览

综观目前现有的一些中国近代新闻史方面的教材，可以发现，有关女性新闻工作者的材料在其中所占比例十分微小，更遑论系统研究她们的新闻思想了。当然，这和中国近代报刊史的实际情况有关：中国近代报刊史基本上就是一个男性报人主宰的历史。以辛亥革命时期为例，当时出版的各种报刊约千余种，而女性报刊仅四十余种。但是，尽管中国近代女性报刊数目不多，女性报人更是寥寥无几，这些报刊和这些报人在中国新闻史乃至整个中国近代史上所做出的开风气之先的贡献却是不容小觑的。

刘家林先生在《中国新闻通史》中把1815年《察世俗每月统计传》创刊始至1915年《青年杂志》创刊前的这一段时期称为中国近代报业时期，本文按照刘先生的划分法，对在中国近代报刊史中涌现出的女性新闻工作者进行了一个简要的梳理，并试图探讨她们新闻思想中的个性与共性。

一、中国近代女性新闻工作者及其新闻事业

根据女性报刊在中国近代史上出现的先后顺序，对女性报人及其新闻事业进行了梳理。

（一）康同薇等与《女学报》

《女学报》于1898年7月24日正式出版，又名《官话女学报》。这是中国第一家妇女报刊，是维新变法时期中国女学会在上海创办的，共出版12期，历时三个月。中国女学会是在康有为、梁启超支持下由维新派妇女创办的一个妇女团体。《女学报》是其机关报。该报的办报宗旨是：宣传变法维新，主张男女平等，主张婚姻自由，倡导女学，争取女权，提倡民主和科学。

该报的主笔全是妇女，共有20多人，较著名的有康有为的女儿康同薇，梁启超的夫人李蕙仙，《无锡白话报》的编辑裘毓芬等，她们是中国报刊史上第一批女报人。

其中，裘毓芬是中国报刊史上第一个女报人。1898年，她参与创办了《无锡白话报》，并主持该报编务，1898年7月任《女学报》的主笔。

（二）陈撷芬与《女报》

陈撷芬是中国近代妇女解放运动和近代新闻事业的先驱，她创办的妇女刊物《女报》（后更名为《女学报》《女苏报》），在当时影响很大，为以后的众多妇女刊物的创办打下了基础。

陈撷芬是《苏报》创办人陈范之女。1899 年，16 岁的陈撷芬创办《女报》，不久该报夭折，后于 1902 年重出，1904 年初停办。陈撷芬一直担任该报的主笔兼记者。

《女报》提倡女子教育、戒缠足，反对束缚妇女的三从四德，并介绍日本女校制度。陈撷芬擅写政论，她的政论思想新颖、逻辑严密、大胆泼辣，如《女权与文学》《男尊女卑与贤妻良母》《男女之比较》《婚姻自由记》等。

（三）秋瑾与《白话》和《中国女报》

1904 年到 1907 年间，秋瑾先后在日本和浙江创办《白话》和《中国女报》两个妇女报刊。《中国女报》以 "开通风气，提倡女学，联感情，结团体，并为他日创设中国妇人协会之基础为宗旨"，这是秋瑾在中国历史上第一次提出要成立妇女联合会的主张。

（四）张太夫人和《北京女报》

1905 年 9 月 21 日，北京的社会活动家、社会名流、京华报界的代表张展云与其母张太夫人创办《北京女报》，张太夫人任编辑。这是我国第一家妇女日报，也是北京历史上最早的妇女报刊。该报提倡女学，反对缠足，主张改革婚姻，改革陈腐陋习，还大力介绍科学常识，并在一些文章中指斥洋人的横行无忌，谴责官吏的腐败，积极倡导革新，在当时的北京有一定影响。它的宗旨、内容与形式都可称是当时京华报界利用白话报进行文化启蒙的代表。

（五）陈志群与《神州女报》

该报是在秋瑾《中国女报》的基础上创办起来的，只出了两期就被迫结束了。该报以提倡女权为主要宗旨。

此外，当时较为知名的女性新闻工作者还有燕斌（炼石）（1907 年 2 月在东京创办《中国新女界杂志》），恨海女士（1907 年在东京创办《二十世纪之中国女子》），汪康年夫人汪乐清（任《京报》编辑）等。

中国近代女性新闻工作者大致可以分成两个派别：资产阶级维新派和资产阶级革命派。前者以康同薇等为代表。这一类女性新闻工作者往往是著名资产阶级维新派男子的家属，其报刊思想和报刊活动受到他们的影响和直接指导。资产阶级革命派女性新闻工作者包括秋瑾、陈撷芬等，她们中有的是独立的女性，有的也是其他知名报人的亲属，如陈撷芬。尽管来自不同的政治派别，在这些女性新闻工作者间也可以找到一些共同的特点，主要体现在以下几个方面：一是大都受过良好的教育，包括中国传统文化教育和西方教育。这些报人中的相当一部分都曾留学国外。二是把办报刊活动与民族民主革命斗争以及妇女解放运动紧密结合起来。三是她们往往集妇女报刊的编者、作者合二为一，女作者、女报人、女社会活动家三位一体。四是她们大多在妇女报刊工作，在综合性报刊工作的女性数目十分微小。

二、近代中国女性新闻工作者的新闻思想

从她们的办报实践活动和言论中，我们可以归纳出中国妇女新闻事业的先驱者们的新闻思想。由于来自不同的政治阵营，她们的新闻思想各有特点，但是，她们的共性是大于个性的。她们的新闻思想的主要包括：

（一）关于报刊的功能

1. 报刊为组织服务，是进行组织宣传活动的工具

如秋瑾曾提出，《中国女报》以"……联感情，结团体，并为他日创设中国妇人协会之基础为宗旨"。秋瑾还主张新闻的编采要服从革命的需要。她视报刊为革命的一个"师团"，并毫不讳言地宣布要把报刊办成引导同胞冲决黑暗的"一盏神灯"①。维新派的《女学报》创刊之初，在《女学报缘起》一文中，直接表示："女学会、女学堂、《女学报》三桩事情，好比一株果树。女学会是个根本，女学堂是个果子，《女学报》是个叶，是朵花，那女学会内的消息，女学堂内的章程，与关系女学会，女学堂的一切事情，有了《女学报》，可以淋淋漓漓地写在那里"。②

2. 报刊可用来开通风气

"开通风气"是秋瑾为《中国女报》拟订的宗旨中的第一句话，足见其对报刊这一作用的重视。张太夫人的《北京女报》也以开女智为宗旨，希望通过对妇女劣根性的批判，对妇女生活中新气象的报道，使妇女能够逐渐摆脱蒙昧，走向文明。通观中国近代妇女报刊可以发现，倡导婚姻自由，反对缠足，反对三从四德等陈腐陋习是比较普遍的内容（当然，极少数逆潮流而动的妇女报刊除外）。

3. 报纸可用于引导舆论并有益于社会

近代女性新闻工作者十分重视报纸引导舆论的作用，并积极应用报纸推动社会工作，

---

① 李九伟. 革命前驱　报坛女杰——秋瑾、陈撷芬研究 [J]. 出版史料，2004，2.
② 周昭宜. 中国近代妇女报刊的兴起及意义 [J]. 河北师范大学学报，1997.

主要体现在对男女平等、平权运动的推动上。近代女性报人运用报纸推动妇女解放运动主要分为三个阶段：一是促使女性觉醒，这和前面提到的开通风气是一致的。二是促使男女平等，包括教育平等、婚姻自由、为妇女提供工作机会等。1898 年 8 月 27 日，王春林在《女学报》第 5 期上发表《男女平等论》一文，首次直接公开提出男女平等的主张。她的男女平等思想直接来自"天赋人权"观和"自然法则"，即：所谓"鸟有雌雄，兽有牝牡，人有男女，无不各具阴阳之理"，既然男女无所谓尊卑贵贱，男女天然就应该平等。三是促进男女平权。

第一，要求妇女教育权。上海《女报》刊文指出："欲强中国，必复女权；欲复女权，必兴女学。女学一兴则女子可以自立，而不附于男界。"

第二，主张婚姻自由权。她们视"平男女之权，夫妇之怨，婚姻自由始也。"

第三，强调女子经济独立权。陈撷芬撰《独立篇》发表于《女学报》第 2 年第 1 期上，专门论述女子独立的重要性："所谓独立者，脱压力，抗阻挠犹浅也，其要在不受男子之维持与干预"，而妇女一旦获得经济独立权，"不逮十年，女界中殆无不兴之学，亦无不复之权矣。"

第四，提倡妇女参与政治。在她们看来，"当此国家多难，危急存亡，厄在眉睫之秋"，妇女应当关心时政，拥有爱国思想。因为如果国亡，权利亦亡。现在保国，就是保权利。她们把权利与义务联系起来，认为"从前女界虽权利失尽，然义务亦失尽。""吾辈欲与之争，须先争尽我辈之义务，则权利自平矣。"她们把女子尽义务，参与革命，作为争女权的条件之一。①

秋瑾还把妇女的解放和反帝反封建的的革命斗争联系了起来，深化了妇女解放的主题。她认为，妇女解放不仅仅是争取性别的解放，还肩负着时代的使命和民族革命的重任②。

（二）关于报刊业务

1. 提倡白话文，主张报纸通俗易懂

这一点几乎得到近代中国女性新闻工作者的一致认同，如维新派创办的第一份妇女刊物《官话女学报》就是用白话编排的。秋瑾也提倡文字通俗化。要求报刊上的文章要尽可能的粗浅和使用白话，更好的服务于广大妇女和下层群众。她身体力行，在自己写的政论文中，努力使用浅显直接、琅琅上口的俚语。

2. 重视新闻的作用

陈撷芬的《女报》让新闻唱主角，辟有不同类别的新闻栏目，最初是"新闻"一大

---

① 何黎萍. 论中国近代女权思想的形成 [J]. 人大报刊复印资料，1997，2.
② 周昭宜. 中国近代妇女报刊的兴起及意义 [J]. 河北师范大学学报，1997.

类，后改新闻为"最新眉语"，也就是提倡最新消息，后又辟出"炜管记事录""女界近史"等，扩大新闻报道面和新闻容量。新闻中政治性、思想性、教育性的居多。而且多是报道好学、才女、男女平等之类的内容，没有迎合少数读者的庸俗要求之作。

此外，在此值得一提的是，在新闻业务方面，陈撷芬还有很多改进之举，如重视刊登读者来信等。

三、对中国近代女性新闻工作者新闻思想的评价

处于中国当时的那种政治、经济、文化状态下，女性从事新闻工作，并形成对报刊的作用、业务等的认识，本身就是难能可贵，开风气之先的，因此，她们对中国新闻事业史做出的贡献是毋庸置疑的。但是，由于种种原因的影响，限制了她们对新闻工作的进一步认识。这主要是因为：

（1）近代女性新闻工作者绝大多数是为妇女报刊工作的，基本上被排斥在当时的主流报刊之外，她们的报道对象、关注范围都是有限的，不可能从宏观上把握新闻工作规律。

（2）即使是这些数量有限的妇女报刊，也先天不足，往往出版几期就夭折，影响了女性新闻工作者对新闻实践的深入。

（3）绝大多数近代女性新闻工作者没有受过专业的新闻训练，对西方自由资产阶级的新闻思想接触不多，同时，她们办报主要是为了宣传目的，这也阻碍了她们对新闻工作规律进行深入地思考。

（4）当时整个中国的新闻事业才刚刚起步，国人对新闻工作的认识都处于较低的水平上。由于上述种种原因，近代中国女性新闻工作者的新闻思想不可避免的存在一些缺陷：

①缺乏系统的理论建构。近代中国女性新闻工作者的新闻思想基本上都是感性的，其新闻思想尚不稳定，所以更谈不上理论建构了。

②对报刊的认识还处在比较浅显的阶段。近代中国女性新闻工作者大多把报刊作为宣传自己思想的工具，对报刊真正的功能，如沟通、服务等，远没有认识到。

③一些基本新闻知识的缺失。一些近代女性新闻工作者还没有掌握新闻工作的一般规律，如新闻真实性、客观性等。如《北京女报》上的女性新闻形象，就有刻意编造的痕迹。

第二章

个人形象与传播研究

"修辞敏感性"和服务人员的语言

改善服务人员的语言虽然反复被强调，但相当多硬件设施一流的服务场合仍然存在服务人员语言生硬、缺乏用语艺术的现象。或者，矫枉过正，使服务用语走到另一个极端，唯消费者之命是从。毫无疑问，这两种现象都不利于真正提高服务质量。那么，服务人员应该怎样在这两者之间取得平衡，既为消费者所满意，又保有企业的品格呢？美国传播学者罗德里克·哈特和他的同事们①似乎为我们找到了答案。

一、罗德里克·哈特的"休辞敏感性"理论

罗德里克·哈特和他的同事们发现：有效的传播产生于你敏感、小心谨慎地调整对听众说的话。他们提出了"修辞敏感性"理论，认为：修辞敏感性是传播者根据听众的需要改变讯息的倾向。

他们区分了三种不同类型的传播者：

自我清高者。这种传播者坚守自己的个人理想一成不变，不会根据他人情况进行适应调整。

修辞敏感者。这类传播者具有修辞敏感性，即：既关心自身又关心他人，同时也关注交流、传播的情景。

修辞反应者。这类传播者完全根据别人的愿望改变自己，几乎没有个人的考虑。

哈特的理论给我们以启发，我们也可以据此把服务人员分为三种：

自我清高型的服务人员。多站在本人或本单位的立场上考虑问题，忽视服务对象的感受，语言生硬，缺乏亲和力。

修辞反应型的服务人员。片面迎合消费者，以致丧失了企业品格和社会责任感。

修辞敏感性的服务人员。在以客人为中心，追求顾客满意的同时，不以贬低自己为代价。

改革开放以后，随着经济体制的转变，服务行业的整体服务水平不断提高，服务行业中自我清高者的比重正在逐渐减少，但是，这种现象并没有完全消除，如：2010 年 12 月

---

① 本文关于哈特的理论全部根据（美）斯蒂文·小约翰《传播理论》，陈德民、叶晓辉译，北京：中国社会科学出版社，1999 年 12 月。

21 日，通过百度搜索"酒店服务态度差"这一关键词，就得到相关的网页约 600000 个，从一定侧面反映了目前酒店服务行业中那些"脸难看、话难听"的自我清高者依然存在。《2009 年全国旅游投诉情况通报》也佐证了这一状况。该通报披露，"2009 年全国各级旅游质监机构接到投诉 8623 件，正式受理 7583 件，27939 人次投诉"，其中，投诉服务态度等质量问题的就有 784 件，占受理投诉总数的 10.34%。

服务人员中修辞反应型也不在少数。在媒体中，我们经常会看到一些由于片面迎合消费者，而造成一些不良后果的事件。

二、三种类型服务人员语言比较

从表 2-1 可以发现，在同一情境下，修辞敏感者倾向于用委婉语、征询语和客人交流，语气礼貌、客气。而自我清高者的语言较生硬和直接。修辞敏感者所用语言往往站在客人的角度出发，话语里体现对客人的尊重和体贴，但同时，并不损害自身的利益。自我清高者所用语言则往往忽视顾客感受，倾向于站在自身角度考虑问题。

表 2-1　同一情境下，自我清高者和修辞敏感者通常会用到的语言

情境	自我清高者语言	修辞敏感者语言
阻止客人碰店面易碎品	"别动！"	"对不起，先生，这是易碎品，当心受伤。"
提醒客人	"当心口红弄脏衣服！若有损坏照价赔偿！"	"温馨提示：小心衣服弄脏您的妆容。"
引导客人	"往那边走！"	"请往那边走！"
询问客人	"几个人？"	"您几位？"
当客人损坏了产品后	"按规定要罚款"	"让您破费了。"

分析表 2-2 可以发现，修辞反映者过于迎合消费者，但结果也许并不如人意，试想，服务人员自己都对产品不满意，怎能期望说服顾客呢？

表 2-2　修辞敏感者和修辞反映者对同一问题的可能回答

客人问话	修辞敏感者应对	修辞反映者应对
你们的产品这么贵呀！	是的，一看您就是讲究生活品质的人。我们的产品专供像您这样的客人。	是的，客人，我们也觉得进价太高了点。
你们产品的包装不好。	您真有品位，下次改包装一定请您当参谋。	是的，客人，我们也这样觉得。我们还给厂家提过意见。

从以上的比较中不难看出，具有修辞敏感性的服务人员比自我清高者和修辞反映者更符合现代服务业对服务人员的要求，在服务过程中，有必要让服务人员从自我清高者、修辞反映者转变成修辞敏感者。

三、获得"修辞敏感性"的途径

那么，服务人员怎样才能在服务工作中具有修辞敏感性呢？可以从以下方面加以尝试：

（一）树立正确的服务观

随着经济体制改革的深入，服务行业的范围越来越宽泛，可以这样说：行业和行业之间通过直接或间接的方式，都处于互相服务之中，所有的行业都可以称之为服务行业。我们为他人服务，他人亦为我们服务。整个社会构成一个息息相关的"大服务"系统。若能正确地认识到这一点，服务人员可能就会从心理上真正意识到：计划经济体制下那种妄自尊大的心态已经不合时宜，必须改善"门难进，脸难看，话难听"的自我清高型现象。

同时，树立了"大服务观"，服务人员也会重新审视自己的工作，生发出服务工作的职业神圣感和自豪感，提高对自身职业的满意度，不妄自菲薄，不做盲目迎合服务对象的"修辞反映者"，坚守住职业操守。

（二）加强语言艺术修炼

有了正确的认识，通过适当的引导，服务人员会对工作形成积极的态度，但仅止于此，还不够，要真正做到"修辞敏感"，服务人员还需要加强语言艺术修炼。综合各家之言，服务人员的语言艺术修炼可以从以下几个方面进行：

（1）使用礼貌用语。

（2）多采用征询的话语方式。

（3）语气婉转柔和。

（4）针对不同的服务对象和服务场合，灵活的使用语言。

基于角色期待的旅游从业人员职业形象塑造

形象塑造是对社会个体在衣着举止、服饰打扮等方面的具体规范。一般而言，可以把形象塑造分成三个部分：服饰、仪容和仪态。服饰和仪容是形象塑造的静态部分，仪态是形象塑造的动态部分。不同职业有不同形象要求。旅游从业人员职业形象来源于服务对象对工作人员的角色期待。塑造的形象符合服务对象的角色期待，就会赢得服务对象的信任，否则，则相反。服务对象对旅游从业人员的角色期待主要包括以下几点：第一，服务者——服务对象期待从旅游从业人员处获得良好的服务；第二，信息的提供者——服务对象期待旅游从业人员能够提供需要的关于旅游、餐饮等方面的信息；第三，意见的参考者——服务对象期待旅游从业人员能够帮自己提出有价值的参考意见等。由此，我们得出旅游从业人员形象塑造的原则：作为服务者，整洁、方便工作、热情、谦恭，是仪表塑造的应有之义；作为信息提供者和意见参考者，规范、专业，是必要的形象要求。

旅游从业人员职业形象塑造应怎样符合角色期待？

一、基于角色期待的旅游从业人员着装要求

（一）制服穿着

很多旅游单位为员工配置了制服。制服可以让服务整齐划一，方便客人辨认，体现对客人的尊重，也可以反映企业的形象，成为企业文化的一部分。规范制服穿着，对于提高服务质量很重要。穿着制服应注意下面一些问题：

1. 忌讳杂乱

应该按规定穿着制服，不能同一岗位上有的员工穿制服，有的不穿。同时，制服和便装也不能混穿，应成套穿着。穿着制服时鞋袜应尽量和制服配套，同一岗位上的员工鞋袜应相对统一。

2. 忌讳不洁

制服要定期洗涤，随脏随洗。

3. 不能残破

穿制服前要认真检查，发现问题及时修补和更换，不能穿着破损的制服上岗。

4. 忌讳不整

制服的扣子，拉链，领带应该按规范扣严、系紧。

（二）男士着装

根据工作岗位不同，旅游男士从业人员的着装也有区别。如，从事导游工作的男士，应根据其工作类型及所处的场景等来调整自己的着装风格。比如，从事门市销售工作的男士，着装宜正式等。一般而言，男士职场着装不应华丽鲜艳，应追求含蓄内敛的风格。并遵循三色原则和三一原则。所谓三色原则是指，男士在正式场合全身上下的服饰颜色不应超过三种。三一原则是指，男士皮带、皮鞋、皮包最好是一个颜色、一个质地、一个风格。

（三）女士着装

为塑造端庄、干练的职场女性形象，女性旅游从业人员应善于管理自己的衣橱，将生活着装和职场着装做适当区分，并根据自己承担的具体岗位，恰当选择服装。女士职场着装的基本要求是整洁、大方，不使异性过多地关注自己的身材和容貌，而是关注服务能力和态度。因此，女性职业着装最好选择中性色，不选择太鲜艳的颜色。服装款式上，应保守、端庄、方便工作。可以选择做工良好的套裙。以下服装应避免出现在旅游职场上：第一，过紧、过分暴露身体曲线的服装。第二，从外衣能看到内衣轮廓的过透的服装。第三，过露的服装。如，女性在外套内穿着的内搭，最低不能低于双腋的连线；腰部不能露出来；裙子不能太短，裙子最适宜的长度应该是膝盖上下 2 厘米；腿部和脚部不适宜露，应穿上鞋袜。严肃的职场一般不能穿着凉鞋。第四，过于怪异时髦的服装，扮嫩的服装。第五，避免乱配鞋袜。穿着套裙时，应穿丝袜，宜选肤色净面的；丝袜不应露出袜口，应被裙子挡住；裙子一截、腿部一截、袜子一截的"三截腿"，是职场着装中应该避免的。皮鞋的颜色应和服装的颜色协调，皮鞋的鞋跟不应太高，以 3~5 厘米为宜。

（四）配饰、工作用品和个人形象用品

旅游从业人员工作时，应按规定佩戴好相关的工作用品，如胸牌等。为了避免出现意外情况，女性还应随身携带一些形象用品，如纸巾、化妆品，备用丝袜等。

搭配得宜的配饰往往能给人的整体形象画龙点睛。对旅游从业人员而言，配饰应做到"三不戴"：第一，影响工作的不戴；第二，过分炫耀财富的不戴；第三，过分张扬性别魅力的不戴。同时，佩戴的首饰至多三件，首饰最好同质、同色、同风格。根据这些原则，旅游从业人员配饰佩戴的具体要求包括：

（1）女性旅游从业人员配饰的类别和一般要求：在工作中，一般不应佩戴颜色鲜艳的、造型夸张的头饰，同一岗位工作人员的头饰应该统一，给人以整齐划一之感。在岗位上，一般不提倡女性佩戴耳饰，特别是造型夸张的耳饰。如果想要佩戴耳饰，只能佩戴小巧的耳钉。在岗位上，为方便工作，女性不可佩戴毛衣链等长款项链，只能佩戴细小的没有挂饰的锁骨链或带较小挂饰的锁骨链，其他类型的项链佩戴时应用衣物遮挡，不可直接佩戴在外。从事餐饮服务工作的从业人员，不应佩戴手链、手镯等首饰。根据工作岗位的不同，决定是否可以佩戴戒指。

（2）男性旅游从业人员配饰的类别和一般要求：男性旅游从业人员配饰主要有：手表、袖扣、眼镜、领带夹等，配饰颜色、格调等应和服装、场合和谐搭配。其他配饰不适合在工作场合佩戴。

二、基于角色期待的旅游从业人员仪容要求

仪容指人体未被服装遮盖住的部位，如面部、头部和手部等。宾客在接触旅游从业人员时，首先注意的就是仪容。仪容是仪表之首，在形象塑造中具有重要的作用。旅游从业人员仪容基本要求是清洁整齐。在整洁的基础上，再追求美观。最重要的是，还应该有友好的表情。

（一）面部

一是面部做好清洁。旅游从业人员面部应没有异物和污垢，及时清洁眼睛，眼角不应有分泌物。每天清洁鼻腔，鼻毛应及时修剪，不能露出在鼻孔外。嘴部保持干净，饭后及时清除牙缝中残存食物；口气应清新，口中不能有刺激性味道；防止嘴唇干裂；避免唇边有分泌物和食物。男性旅游从业人员不能留胡须，应及时修剪胡须。二是养成良好的习惯。如，不当着他人的面清洁眼睛、鼻子、剔牙齿；咳嗽、打嗝、打哈欠时应避开他人，一旦忍不住，要用纸巾或手绢捂住嘴，并向他人道歉；不随地吐痰；不在他人面前用剃须刀或使用他人的剃须刀；不当着他人的面化妆等。三是恰当的妆容。淡妆上岗是对窗口行业女性工作人员的基本要求。化妆上岗可以让服务整齐划一，体现对服务对象的尊重。旅游从业人员妆容应遵循"庄重、简洁、大方"的原则，应和场合，衣服等协调。

（二）发型修饰

旅游从业人员的的发型修饰应注意以下几点：
一是确保头发的整洁。勤理发，经常梳洗头发，使头发无油垢，无头屑，不凌乱，无异味。

二是慎选发部的造型。发型要方便工作：比如，餐厅工作人员头发应该束起挽起，梳理整齐，避免污染食物、传递细菌，或造成其他不便。头发要与整体形象协调，与年龄、体型、气质等相协调。比如，身材矮胖的女性就不适合留长长的头发，否则会显得身材更加矮胖；脖子粗短的人披散着头发会让脖子显得更加粗短；不同的年龄段，适合的发型也往往不同；气质类型也决定发型的选择：甜美可爱型的女性和高贵典雅型的女性适合的发型可能就不一样。

三是不染夸张的颜色。头发的颜色应符合传统审美观。如果确需染发，可以考虑黑色、深棕色等自然一些的颜色。

四是讲究长短适度。一般而言，旅游从业的男性人员应做到前发不覆额，侧发不掩耳，后发不及领。女性最短不为零，最长不过肩，否则应束起，绾起。

（三）手部要求

旅游从业人员，特别是餐厅工作人员，基本上都是用手为宾客服务，手相当于旅游从业人员的第二张脸，手部的清洁和保养十分重要。手部应该保持清洁，没有污垢；要恰当地保养，没有创破；手指甲长度也应适宜。旅游从业人员最好不涂过于鲜艳的指甲油，否则给人过度修饰，定位不准之感。

（四）表情神态

良好的表情神态是旅游从业人员在接待工作中必须具有的基本礼仪。旅游从业人员的表情神态应是谦恭的、友好的、真诚的，同时，在不同的情境下，应有不同的表情神态，即表情神态应是适时的。谦恭、真诚、友好的表情往往通过笑容和眼神表现出来。

1. 微笑

一个具有专业素养的旅游从业人员，应能控制自己的情绪，公私分明，不把私人情绪带到工作中。无论自己私下心情好坏，只要在工作岗位上，都能对顾客露出友好的笑容。真正的笑容应该是发自内心的。只有内心真正尊重客人，从内心喜爱他们，旅游从业人员才会散发出自然的亲切的笑容。不然，笑不达眼底，不至内心，"皮笑肉不笑"的假笑，自然无法取得宾客的共鸣，无法取得良好的服务效果。在长期地实践中，人们总结出了一些笑容训练的方法，如对镜训练法、手指训练法、筷子训练法、发音训练法等等，这些方法的出现，反映了服务行业对提升自身服务素质的努力，是难能可贵地尝试，但我们更提倡，友好应回归本源，发自内心。对旅游从业人员来说，世界上最美好的表情，是发自内心对宾客的尊重和微笑。

2. 眼神

良好的表情也离不开亲切的眼神。旅游从业人员眼神主要涉及眼睛注视的的部位、眼睛注视的方法、眼睛注视的时间等问题。为了体现对宾客的尊重，旅游从业人员应正视或平视宾客，绝不能居高临下地俯视，给人以傲慢之感。也不能从下往上偷偷看人，让人觉得畏缩、不大方。在倾听宾客谈话时，眼睛注视宾客的时间长短适度，注视时间不够，会让宾客觉得自己的话语不受重视，注视时间太长，会让人觉得尴尬。旅游从业人员在和人交往时，视线应柔和。旅游从业人员在工作岗位上，应避免出现以下表情问题：盯视服务对象；上下扫视服务对象；眯视与斜视；皮笑肉不笑与嬉皮笑脸；在工作岗位上大笑；不分场合地笑等。

三、基于角色期待的旅游从业人员仪态要求

仪态是人的举止行为的统称，包括站姿、坐姿、走姿、蹲姿、手势以及由此表现出的气质、风度等。良好的仪态既是旅游从业人员自尊自爱的表现，也能让宾客感受到被尊重。旅游从业人员仪态的基本要求是规范。

（一）旅游从业人员站姿

站姿是仪态的基础。站立时，应努力做到"后脑勺、双肩、臀部、小腿肚、脚后跟"在一个平面上，避免身体前倾或后凸。女性旅游从业人员基本站姿是，双脚脚后跟并拢，脚尖微微分开呈"V"型，双手自然放在身体两侧。男性旅游从业人员双脚分开与肩同宽。站立时要求头正、肩平、挺胸、收腹、腰背立直、臀部收紧、腿部肌肉朝后朝内侧收紧。女性也可站"丁"字步，一只脚在前，一只脚在后，前脚的脚后跟放在后脚的脚弯处，双脚脚尖之间展开大约 $30° \sim 60°$。在迎候客人时，旅游从业人员可采取前腹式手位。女性右手在上，左手在下，双手交叠放在前腹部。男性右手握左手手腕，左手握空拳放在前腹部。这种站姿显得宁静和谦恭，也方便右手随时拿出为客人服务。男性某些岗位，如门童，也可采用后背式手位，右手握左手的手腕，左手握空拳，放在后腰处。这种手位可以减少所占的空间面积，减少对客人的影响。

（二）旅游从业人员坐姿

为了体现对服务对象的尊重，入座时，一般只坐椅子的前三分之一到三分之二的位置，不能坐满整个椅面，不能靠住椅背。就坐时，应落座无声、离座谨慎；为了避免撞在一起，应均从左侧入座；入座时、礼让并关照他人，同时，向两侧的人礼貌致意。女士就坐时膝盖应并拢，不能抱起膝盖，双脚也不能分得太开。男士入座时，上体应保持正直，双脚双膝分开与肩同宽，手可自然的放在两侧膝盖上。

（三）旅游从业人员走姿

旅游从业人员在走动时，应注意不可步态不雅，如内八字或外八字，或者腰部扭动幅度过大等；不可穿声响较大的鞋子，或脚步过重，对宾客造成不必要的干扰；服务时不能着急跑动，确有急事，只能碎步快走；遇到客人时，应主动礼让，不能与客人抢行；同时，行走时要遵循通行惯例，在我国一般是右侧通行。

（四）旅游从业人员蹲姿

遇到特殊的客人，应蹲下为客人服务，如坐轮椅的客人、孩童等。女性旅游从业人员下蹲时，可采取高低式蹲姿：上体正直，双腿并拢，一腿高一腿低，前脚可脚掌着地，后脚脚尖着地。男性采取高低式蹲姿，下蹲时，可双膝分开。在下蹲时，要注意以下禁忌：不要突然下蹲；不要距人过近；不要方位失当，如正对着他人下蹲等；不要毫无遮掩，女性应注意理顺裙子或上衣，注意遮挡，防止走光等。

（五）旅游从业人员手势

在旅游服务时，经常会用到各种手势，如指路、递接物品、请人就坐、导游讲解等。相同的手势在不同的国家和民族，可能带有不同的含义，手势在使用时要慎重。一般而言，在服务时会用到以下手势：指示性手势——如指示物品、指路、请人就坐时，使用该手势时，一般用右手，五指并拢，指向被指示物；递接物品——应双手递接，齐胸送出，尖端朝己，递到对方的手中；在导游讲解伴随手势时，应高不过耳，低不过腰，宽不超过80厘米，以免给人手舞足蹈之感。在服务时，旅游从业人员应规避不礼貌的手势，如用手指对人指指点点，或勾起手指召唤他人等。

内外兼修——教师的形象塑造

所谓形象，是指外界对自身的印象。形象包括两个方面的内涵，一是客观存在的自身形象——仪容、服饰、举止、气质、风度、谈吐、学识、素质等；二是这一自身形象反映在他人头脑中的主观印象——他人对自己的看法，角色期待等。因此，教师形象塑造，也应包含两个方面：①自身素质的提升；②形象塑造符合学生和社会各界对教师的角色期待。

一、教师形象塑造的原则——权威性、善于沟通、适度美好

（一）信源的可信度效应与教师权威性形象塑造

从传播学者卡尔·霍夫兰的研究中，可以发现：最可能改变一次传播效果的方法之一，是改变传播对象对传播者的印象。当传播者被认为是具有可靠和可信赖的这两种品德时，就会产生最大的传播效果。由此可以看出，教师的形象对教学效果具有较大的相关性，教师塑造的形象应给人以"可靠、可信赖"等感受，也就是形象应该具有权威性。

（二）修辞敏感性和教师的沟通能力

修辞敏感性是传播者根据听众的需要改变讯息的倾向。具有修辞敏感性的传播者承认人的复杂性，懂得一个个体是多重自我的复合体。修辞敏感者在与他人接触时力避机械呆板，会根据他人的层次、情趣、信仰对自己要说的话进行调整。他们并不放弃自己的价值观，但他们知道一个想法可以用多种方式来表达，为了达到传播的效果能根据听众的情况调整自己表达想法的方式。

毫无疑问，要达到良好的教学效果，修辞敏感性是教师必须具备的素养，还要善于沟通，特别是高职学生的特殊性，更要求教师要具有修辞敏感性。一方面，和中小学生相比，高职生大多已成年，思想趋于成熟，对教师和教学的要求更高，更倾向于以批判性的眼光看待教师和教学，高高在上的教师形象已不符合学生的期待。另一方面，和普通高校学生相比，高职生的情绪管理和自我调控能力较差，学习基础和学习能力相对较弱，有相当一部分学生面临压力所带来的情绪波动。因此，和学生缺乏情感互动的教师无法受到学生欢迎。

（三）晕轮效应和教师形象塑造要求——适度美好

爱美之心，人皆有之。根据"晕轮效应"，外在美好的人更容易让受众接受劝服。因此，教师形象不可邋遢和老土。但是，过分抢眼的外在形象也容易干扰学生的注意力，让学生关注的重点不是教师传授的知识，而是教师本身。所以，教师形象也不可过于时尚。总结起来，"适度美好"应成为教师形象塑造的第三个原则。

二、教师形象塑造的重点——素质和仪表

教师怎样在形象塑造上落实上述三个原则呢？我们认为，主要应从以下两个方面来体现：

（一）内在素质要求——权威性和修辞敏感性

1. 学为人师

"可靠、可信赖"来源于教师的权威性，作为专业工作者，教师的权威性主要取决于教师的专业能力：学识渊博、术有专攻。"学为人师"是教师形象塑造的起点。作为知识密集型行业，教师要跟上时代的步伐，必须养成终身学习的习惯，除了钻研所教授的专业知识外，还应不断扩大自己的知识面，并积极改善自己的教学技巧，善于把自己的知识提炼并外化给学生。

2. 行为示范

教师的一举一动都会对学生产生影响，只有在行为上真正具有示范性的教师，才能完全获得学生的信赖。要做到"行为示范"，教师至少应具有高尚的道德情操和良好的心态。首先，教师应该在社会公德、职业道德、个人品德上率先垂范。不能当着学生一个样，背着学生另一个样。应自觉抵制社会不良风气的影响，恪尽职守，耐得住清贫，守得住寂寞，经得起诱惑。

3. 敬业爱生

只有真正热爱教育事业，真正关心爱护学生，教师才有可能站在学生的立场考虑问题，根据学生的实际情况调整和学生的沟通方式，做到"修辞敏感"。

（二）外在仪表要求——适度美好

1. 教师仪容要求

清洁整齐的仪容、亲切的表情、良好的习惯是教师仪容打造的基本要求。主要包括以下几点：

（1）头发干净整齐，做到"四个无"——无头屑、无异味、无凌乱、无油垢；造型得体：发型应与工作、体型相符合，教师最好不要留太夸张的发型，应符合庄重、保守的基本原则；长短适当——男教师头发做到前发不覆额、侧发不掩耳、后发不及领，女教师头发最长不过肩，过肩最好束起或绾起。

（2）面部保持整洁。女教师可以化淡妆。男教师不留胡须，及时修剪鼻毛。同时，保持良好的个人习惯，不随地吐痰，不不加掩饰地打呵欠、擤鼻涕、咳嗽等。

（3）表情亲切、自然。过分严肃的形象已不符合时代发展的潮流，教育理念的转变要求教师更多地站在学生的角度考虑问题，关注学生的感受，因此，亲切的微笑，表示尊重的正视的目光，应该成为教师表情构成的主要要素。

（4）手部不过分装饰，手势运用得当。教师在教学过程中经常会用到手势。得体的手势应用也能塑造良好的形象。教师在运用手势的时候最好注意：手部高不过耳，低不过腰，宽度不超过80厘米。否则，给人以夸张、手舞足蹈之感。同时，手势运用应遵循尊重学生的原则，如不用手指对学生指指点点，招呼学生回答问题应用手掌示意等。此外，教师的手部不应该过分装饰，应避免颜色鲜艳的指甲油，避免留长指甲。装饰过度，会损害教师庄重的形象。

2. 教师服饰要求

教师选用服饰时尤其应注意适度：服饰不能过于炫目，影响学生的注意力，也不能缺乏基本的审美观，影响学生对教师的信赖度。着装应区分场合。教师可以将自己工作时涉及到的职业场合按严肃程度分类，场合越严肃，服饰越保守。我们认为，教师职业场合可能涉及到以下几种，按严肃程度排序分别是：重要仪式、课堂教学、监考、校外实训指导、会议、出差等。我们着重论述教师课堂教学着装要求。

（1）女教师服饰要求

女教师应选择和自己的风格、身材等相协调的服饰。服饰面料应精致，做工应精细。遵循这一原则——不让异性过多地关注自己的容貌。女教师着装应注意避免以下几个误区：

一是过紧。过分彰显身体曲线的服饰不大方。

二是过透。面料不应过透，内衣的轮廓最好不露出来。

三是过露。不穿无领无袖的服装。上衣的内搭不低于腋线，不能露出乳沟。裙子最短不能超过膝盖上10厘米，以膝盖上下2厘米最为适宜。不能穿短裤上班。裙子也不可过长，最长不应超过小腿中部。穿西服套裙时不能露出脚趾。不能穿拖鞋上班。

四是怪异。服饰不能太过于时髦或怪异。

五是过艳。颜色过于艳丽和夸张也不适合上课穿着。

六是过嫩。希望显得年轻是每个人的追求。但是，教师想要塑造一个权威的形象，就应摈弃过嫩的装束。

七是鞋袜不配套。穿西服套裙时应穿船鞋，配肉色丝袜。其他颜色的丝袜不可取。鞋子保持整洁、有型，丝袜不能有破洞。

（2）男教师服饰要求

男教师在严肃的职业场合应穿正装，如西装或中山装。课堂上应注意：不穿背心短裤，不穿拖鞋。除了体育课，不应穿运动服上课。

（3）教师配饰要求

许多教师喜欢佩戴配饰。在配饰佩戴上也应讲究适度，否则会影响教学效果和自身形象。男教师除了手表、袖扣、眼镜和婚戒，最好不佩戴其他首饰；如果要佩戴，不应露出在服装外。女教师不戴夸张的、转移学生注意力的首饰，如大的、长的、造型夸张的项链，繁琐的手镯，造型奇特的戒指，大的长坠的耳环，鲜艳的、过分时髦的头饰等。

3、教师仪态要求

温文尔雅的风度通过教师的举手投足体现出来，教师的举止，也就是仪态，应该注意：

（1）授课时站姿。站姿应挺拔，不弯腰驼背。双手不插在裤兜里。手不应在头上、身上乱动。女教师无论是站是坐，膝盖都不应分开。

（2）校园内行姿。校园内行走，不和同事大声喧哗。保持挺胸收腹，仪态庄重。

三、教师形象塑造的方法——内外兼修

良好形象的塑造不是一朝一夕就可做到的，要最终成为受学生信任的，有权威感的教师，教师应该从内外两个方面加强修炼。

（一）内部修炼方法

一是勤于学习；二是陶冶情操，加强涵养。

（二）外部修炼方法

"内修心，外修形"。教师的外部修炼主要是积极打造美好专业的形象，一方面应学习相关形象塑造知识，不断提高审美情趣；另一方面应注意纠正不良的表情、仪态等行为习惯。

第三章

营销形象与传播研究

"乡村旅游"的卖点——跨文化体验

20 世纪 90 年代以来，乡村旅游在各级政府的政策推动下、当地农民的积极参与快速发展。尽管发展势头很好，发展速度在不断加快，面积在不断扩大，分布区域在不断延伸，但也存在特色不浓、盲目开办等诸多问题，致使现阶段的乡村旅游开办的多，知名的少，更遑论形成自有品牌了。学者们认为，造成这一问题的重要原因之一是"乡村旅游的市场定位还不很准确"①，也就是说，乡村旅游还没有非常明确自身的卖点是什么。那么，乡村旅游的卖点究竟是什么呢？是跨文化体验。所跨的文化主要是指城镇文化和乡村文化，跨文化体验的主体是城镇游客。

为什么说乡村旅游的卖点是跨文化体验？可以从乡村旅游的目标消费者以及乡村旅游自身的特点两方面来分析。明确了这一卖点，我们在对乡村旅游的开发中也会有的放矢。

一、乡村旅游的目标消费群城镇居民的旅游动机——追求跨文化体验

乡村旅游的目标消费群主要是城市居民。从心理学的角度讲，这类群体的旅游动机主要有以下几种：1. 扩展和更新生活。外出旅游意味着改变日常的生活方式，探索和尝试新的生活。2. 逃避现实。繁忙的日常事务和复杂的人际关系困扰着大都市生活的人们，使人们的身心常处于高度紧张状态。人们觉得无法忍受时，就会产生一种逃避现实的愿望。外出旅游使人们回到了大自然的怀抱，暂时摆脱工作困扰和生活烦恼。3. 好奇探索②。好奇心和求知欲是人的典型心理特征。正是由于旅游地在自然景观与社会文化等方面与旅游者所居住的地方存在差异，才吸引人们前往旅游。4. 健康休闲。

分析上述动机我们可以发现，改变现有的生活方式，追求一种新的生活方式，是旅游者一种比较普遍的心理动机。也就是说，旅游者追求的正是跨文化体验，因为"跨文化体验"恰是指在两种文化之间的感受和体悟。正是这一动机，使城市居民来到乡村，摆脱都市文化，进入乡村文化，体验一种和都市生活迥异的生活。

张春晖和白凯在《乡村旅游地品牌个性与游客忠诚：以场所依赖为中介变量》中的论证，也证实了上述观点。通过实证分析，他们得出结论："乡村旅游地品牌个性中的实惠、

---

① 徐仙娥，龚小琴. 农家乐经营与管理［M］. 北京：中国农业科学技术出版社，2010，7.
② 楼世娣. 旅游心理学［M］. 郑州：郑州大学出版社，2006，101.

喜悦、闲适、健康和逃逸五个维度对场所依赖具有显著的正向预测作用。乡村旅游地品牌个性中的实惠和闲适两个维度对游客忠诚具有显著的正向预测作用。凝结着乡村文化特色的旅游地品牌个性，以其明显的"实惠"象征意义和"闲适"的田园生活价值观，更容易引起人们向往自由、质朴生活的情感共鸣，促进到访游客对乡村旅游地形成情感依赖，并借此产生游客忠诚。"我们发现，最能体现乡村生活方式和城市生活方式的差异，即，最能给城市居民以跨文化体验的"实惠"和"闲适"这两个维度，是使游客对乡村旅游地产生忠诚的最重要因素。

因此，我们得出结论：城镇居民选择乡村旅游的重要动机就是——追求跨文化体验。明确了这一点，乡村旅游也就找到了卖点——满足跨文化体验这一市场需求。

二、反思乡村旅游产品的开发——跨文化体验的满足和不被满足

事实上，乡村旅游这一旅游产品天然具有让城镇游客产生跨文化体验的能力。乡村旅游所具有的乡土风情、自然生态、现实生产等特点为游客提供了一种和城市生活反差巨大的生活体验。游客吃的是地方特色的农家风味土特产，住的是青瓦木屋农民房舍，体验的是田野农活，玩的是乡村民间娱乐，买的是农家的土特产及手工艺品。从城市风光到乡土风情，从钢筋水泥到自然生态，从公司工厂到田间劳作，这些无不凸显出两种生活方式的显著差异，并带给游客新鲜体验。

但是，由于没有明确自身的这一卖点，很多乡村旅游产品开发走向了误区。

（一）城市化

装饰城市化，乡土环境氛围不足等———乡村旅游存在的"城市化"倾向，降低了"乡村游"的吸引力和影响力。例如，有些地方通过乡村旅游富裕起来以后，将乡村小道改为水泥路面；将菜园田垄改为停车场；把花木庭院改为卡拉OK厅；将传统老屋改为水泥砖瓦房。

其实，当"乡村"不再是"乡村"时，乡村旅游也就会走向终结。

（二）过度商业化

盲目破坏性开发，或成为房地产开发商的经营对象，也往往牺牲了村庄的原生态环境，破坏了"农"的环境，失去了"家"的氛围。

（三）对乡土文化内涵缺乏挖掘

乡村旅游至少有以下几种文化类型可供挖掘：田园景观文化、居民建筑文化、农耕文

化、民俗风情文化、家庭生活文化、乡村艺术文化等。深入发掘乡村旅游的文化内涵和积淀、改善充实其文化品位，才有可能增强乡村旅游的发展后劲，促进乡村旅游的可持续发展。可目前的乡村旅游产品往往局限于旅游资源的表面现象，或多停留在提供住宿和餐饮的低层次上，很少注重提升其本身的文化内涵。

（四）游客文化对乡村文化的压力

到乡村旅游的游客多数是城市居民，游客本身所携带的文化是"强势文化"，而乡村文化是一种"弱势文化"，这样在乡村旅游活动过程当中，"强势文化"会对"弱势文化"产生巨大的冲击。出于文化本身的价值趋同性，旅游目的地就在游客游览的过程中不知不觉地接受了旅游者所挟带的文化，自身具有特色的传统文化特征随之发生改变。如此一来，城乡差别便会日趋缩小或最终消失，乡野农村也将因具有浓郁乡土特色的传统地方文化的丧失而失去对都市游客的吸引力。

三、乡村旅游产品的开发——强化跨文化体验

综上所述，城市文化和乡村文化的差异，不同地区、不同民族文化的差异是乡村旅游的重要吸引力，这种差异越大，越能使游客产生跨文化体验动机，越能增加乡村旅游的吸引力。因此，在开发乡村旅游产品时，其着眼点应是强化游客的跨文化体验。我们认为可从以下方面着手：

（一）"乡土味"——跨文化体验的核心

在乡村旅游产品开发中，可以从食住行游购娱等各方面凸显其乡土特色。

（1）吃农家饭：为游客提供具有乡村特色的饮食。乡村特色不仅指食物的风味独特，还应包括"绿色""有机"等健康环保概念。

（2）玩"农家乐"：民俗是民间文化中带有传承性、模式性、集体性的现象，和城市文化生活迥异的民俗活动勾画出乡村独特的面貌，让游客欣赏或参与民俗活动，是跨文化体验的重要方面。可以对节庆民俗、礼仪民俗、游戏竞技等民俗活动中具有参与性、娱乐性的方面进行开发，吸引游客参与。

（3）观农家景：田园景观、居民建筑、乡村艺术、民俗风情、农耕工具和生产场景等都可纳入观赏的范畴，这也是目前中国乡村旅游文化资源开发的主要模式。

（4）购农特产：农特产可以包括手工制品、特色食品、新鲜果蔬等，原汁原味、新鲜、健康，是农特产的卖点。

（5）住农家屋：目前，有些地方的乡村旅游住宿条件媲美星级酒店，标准化的酒店式

房间，标准化的酒店式建筑，住在这样的农家饭店内，和在城市酒店中住宿几乎没有差别。其实，住宿设施有一定的闲居性，提供真实而质朴的旅游服务的农家住所往往最能吸引想追求新鲜体验的城市居民。

（6）干农家活：乡村的生产方式和城市的生产方式有很大区别，开发一些简单的，方便游客参与的生产性活动，也是强化跨文化体验的重要方式，如种田、采摘、饲养等。

（二）参与性——跨文化体验的途径

开发了具有"乡土味"的产品，这些产品能否使游客的跨文化体验从表层的感知到深层的理解并产生情感共鸣，是决定游客重游率的一大关键。那么，怎么才能深化跨文化体验呢？我们认为，关键是为游客提供参与的机会，让他们能真正参与到乡村文化之中。

一是提供丰富多彩的参与性项目。游客可以亲自从事各种农事活动，或深入农村家庭体验家庭生活文化，或亲自参加某种手工艺品制作，或参加各种民俗风情文化活动。

二是为游客参与项目提供帮助。为了让游客的参与具有可行性，并使游客在参与中体会乐趣，需要为游客的参与创造条件。（1）普及知识。通过培训、观摩等活动，让游客获得参与乡村活动的知识和技能。（2）社团活动和交流。各种由游客和村民组成的社团活动和交流活动可以让两种不同生活方式的人互相了解，产生感情共鸣，形成场所依赖。

乡村旅游人才现状、需求与对策

随着乡村振兴战略、《"十三五"旅游人才发展纲要》等一系列政策的出台，乡村旅游人才问题引起学界广泛关注。乡村旅游人才目前的状况如何，乡村旅游发展需要哪些方面的人才，目前的人才状况是否满足需要，针对存在的问题是否有相应对策？学界对此已经进行了哪些相关研究？2019 年 3 月 13 日，在中国知网上，以"乡村旅游人才"为关键词，时间设置为 2009 年至 2019 年，共获得学术论文 49 篇，其中，15 篇集中在 2018 年。从文献数据可见，过去 10 年间，学界对"乡村旅游人才"问题研究得不多，2018 年研究之所以突然增多，可能和国家政策对乡村旅游的重视相关。分析这些资料发现，近 10 年对乡村旅游人才的研究，可以大致分为现状分析、需求分析和对策分析三个方面。

一、乡村旅游人才现状分析

（一）整体素质无法达到加快乡村旅游发展的要求

据调查，目前乡村旅游从业人员主要由以下人员构成："农村劳动者、返乡农民工、企业在岗农民工、未能继续升学的农村初中或高中毕业生、农村籍退役士兵，甚至城市下岗职工等。"其中，农民是乡村旅游从业的主力军。这些人员文化程度一般偏低，几乎没有接受过旅游知识的相关培训，也缺乏旅游经营活动的经验，更遑论对乡村旅游达到一定的认识高度，并能站在较高的高度规划和发展乡村旅游了。素质的不足导致在旅游从业时观念落后、服务工作缺乏规范，也没有环境保护意识，甚至变相阻碍旅游开发。由此，经营效能难免低下，对周围人群的示范性引领性不够，在一定程度上制约了乡村旅游的发展。

（二）乡村旅游人才培训严重不足

1. 培训渠道单一、培训面窄

目前，我国旅游人才培养主要依赖于院校旅游专业教育，接受培养的对象也基本上是尚未入职的学生，其他培训方式特别是针对已经从业的乡村旅游工作人员的培训很少。而且，我国目前的院校旅游专业正逐渐式微，并在经历转型，专业方向往往比较狭窄，针对乡村旅游的教学内容很少。

2. 从业者培训意愿不高

乡村旅游从业人员观念落后，不重视培训，主动寻求培训信息、愿意自费培训的人不多。

（三）符合条件的旅游人才不愿意投身乡村旅游行业

乡村旅游的发展才刚起步，广大创业者和从业者还没有充分尝到乡村旅游的"甜头"，乡村旅游产业对高素质人才的吸引力不足，导致包括院校培养的旅游人才在内的专业人士不愿意到农村就业。

二、乡村旅游人才素质和需求分析

（一）乡村旅游人才素质要求

部分学者提出了乡村旅游人才培养的目标要求，认为："旅游职业道德、乡村历史文化知识、旅游现场服务技能等是乡村旅游人才应具备的主要素质。"以上应该是乡村旅游从业者的一般素质要求。有学者认为，不同类型的从业者，比如管理者、一般员工等应有不同的素质要求。

（二）乡村旅游人才类型要求

有学者认为，发展乡村旅游，需要以下人才："高素质、高水平的地方旅游行政人员、乡村旅游经理人、乡村旅游经营者和服务者。"也就是高度重视乡村旅游并能进行科学管理的管理人才，能够对乡村旅游进行规模经营、懂财务懂市场的经营人才以及具有一定专业知识、能够科学服务于"吃、住、行、游、购、娱"各方面的技能人才。此外，专业的旅游规划和策划人才也是乡村旅游发展急需的人才。对乡村旅游产品锐意创新、高起点规划，才能避免小规模低水平的重复建设，才能吸引住乡村旅游的目标群体——周边城市越来越见多识广的市民。

三、乡村旅游人才对策分析

（一）政府应加强引导和整合

应制定相应的乡村旅游人才发展战略，政府"可以整合各个培训工程、证书考核和技能鉴定项目，建立长效、稳定和完善的乡村旅游人才培养体系"，建立乡村旅游业职业资格和从业标准，规范乡村旅游从业，也应继续对现有从业者进行公益性培训。

（二）院校旅游专业应重视乡村旅游

院校应紧紧抓住发展乡村旅游这一时代热点，在教学内容、专业方向设置、校企结合等各方面有所侧重，培养学生乡村旅游从业技能，并引导学生到乡村旅游岗位就业。

（三）以赛促学

可以举办乡村旅游商品设计大赛、导游大赛、农家乐厨艺大赛、民俗文化比拼大赛等，形成发展乡村旅游的有益氛围，促使乡村旅游人才特别是技能型人才的成长。另外，鼓励社会机构开展乡村旅游从业者培训，对从业者进行技能强化、学历提升等。

四、结语

分析学者们这 10 年来的研究，可以发现，在乡村旅游人才问题上，还存在一定的研究空白，有待于进一步探索，如：在研究内容上，学者们更侧重于探讨怎样提高目前的乡村从业人员素质，其实乡村旅游作为一个产业，要做大做强，不仅仅要考虑培训和提高现有从业者，还要考虑通过提高乡村旅游产业的吸引力，从而引进具有较高经营水平的专门人才，也就是把人才"引进来"。怎样对现有从业者进行在职培训，学者们更多地关注在方法上，对培训内容的研究较少，怎样建立一套完善、可操作性的培训体系等成为今后研究的重点。在研究方法上，学者们更多是基于经验，而不是实证；个案研究比较多，整体研究不足。

城市和标志性节事活动

标志性节事活动是指节事活动与一个城市或地区的精神或风气如此相同，以至于它们成了这个地方的代名词，并获得了广泛认同和知晓的节事活动。和普通节事活动相比，标志性节事活动对于城市或地区形象具有更大的传播性，对于提升城市或地区吸引力意义更加重大。宜昌作为全国优秀旅游城市，世界水电旅游名城，三峡大坝所在地，历史名人屈原和王昭君的故乡，自然和人文资源得天独厚，却缺乏具有广泛影响力和号召力的标志性节事活动。创办自己的标志性节事活动，宜昌势在必行。

一、宜昌节事活动梳理

这些年来，宜昌举办了数十个大大小小的节事活动，如规模较大的中国宜昌三峡国际旅游节，围绕宜昌名人举办的屈原故里端午文化节，嫘祖庙会、关公文化节等。

通过梳理这些节事活动，我们认为：

（1）节事活动的影响有限。作为一种群众的狂欢，节事活动需要群众的广泛参与。但目前宜昌举办的节事活动，群众参与度不够高。以连续举办了十几届的三峡国际旅游节为例，政府努力赚吆喝，群众却不买账。节事活动流于形式，不看报纸、电视的市民基本上不知道在过节。就算是三峡国际旅游节，也已和重庆市合办。说明该节既适用于宜昌，也适用于重庆，不具备独特的指向性，不能成为宜昌独有的节日。

（2）没有能彰显宜昌文化特点的重要的节事活动。屈原端午文化节、嫘祖庙会、昭君文化节等节日围绕宜昌名人，能一定程度上反映宜昌文化特点，具有独特性，但是，举办规模都还比较小，游客认知度还不够高。

综上所述，宜昌需要整合现有的节事活动资源，找到一个能够代表宜昌地脉、文脉特点的节事活动，并将其做大做强，使其成为宜昌的标志之一。

二、屈原端午文化节可以成为宜昌标志性节事活动

宜昌城市文化的形成中，以下因素发挥着作用：峡江文化；码头文化；以水电工业和茶叶种植工业为代表的产业文化；巴楚文化；名人文化：宜昌是楚国著名爱国诗人屈原的故乡，王昭君也是从宜昌走出去的文化名人。刘备、关羽、张飞、赵子龙、陆逊等三国名

人都曾在宜昌境内活动。

在上述地脉和文脉中，三峡大坝，是世界最大的水电枢纽工程，是宜昌真正具有的能够进行领先定位的旅游资源。在宜昌出生的屈原和王昭君也是宜昌拥有的"稀缺"资源。这几个资源中，已有一定节事活动基础，并具有更大的文化感召力的，我们认为，是屈原以及以纪念他作为重要文化内涵的端午节活动。可以把屈原端午文化节办成宜昌的标志性节事活动。

首先，作为伟大的爱国诗人，屈原在整个华人世界都具有广泛的影响力和传播力，宜昌市是屈原故里，也已众所周知，提到屈原就会想到宜昌，让节事活动宣传推广的成本大大降低。

其次，端午节缘起于对屈原的祭祀，祭拜屈原的活动每年都会在宜昌秭归举办，屈原端午文化节在宜昌举行顺理成章。屈原端午文化节在宜昌已有一定举办基础。从 2010 年开始"屈原故里端午文化节"每两年在秭归举办一次。2014 年，国家更把"屈原故里端午文化节"确定为国家保留的重要文化活动和唯一的全国性端午文化节庆活动，

再次，端午节独特的习俗可以使其成为一个文化性和娱乐性兼具的节事活动，更符合现代旅游人的体验需求。如包粽子、吃粽子、艾草浴、赛龙舟等。

同时，端午节也已经成为国家法定假日，在这个时间段举行节事活动，目标客户刚好有参与的时间。

三、标志性节事活动定位和项目策划

那么，怎么在已有的基础上对屈原端午文化节进行提升，使之成为宜昌市标志性节事活动呢？可以从以下四点来思考：

（一）屈原端午文化节定位

屈原端午文化节定位应该考虑如下几个问题：

（1）这个节日和别的节日相比有什么差别，在形形色色节日遍地开花的时候，屈原端午文化节怎么才能具有独特的吸引力？

（2）屈原端午文化节怎么和宜昌密切联系起来，让宜昌从节事活动中受惠。

（3）屈原端午文化节的目标消费者是谁？我们认为，文化性、民俗性是屈原端午文化节的卖点；作为端午文化的发祥地，秭归隶属于宜昌，但秭归行政区划较小，周边配套不完善，不容易留住游客，屈原端午文化节应该开发相关的旅游线路，秭归可以作为朝圣地，但宜昌应作为主会场。基于屈原和端午节在华人世界的广泛影响力，屈原端午文化节的目标消费者应该是全球华人。综上，屈原端午文化节可以定位于一个群众广泛参与的民俗性

的狂欢活动，将屈原端午文化节打造成中国乃至世界华人过端午节的样板和必来之地，将宜昌打造成屈原端午文化的集大成地和朝圣地。唯有如此领先定位，才能让节事活动产生广泛的号召力。

（二）屈原端午文化节举办时间和地点

举办时间毋庸置疑，应放在端午节当天，举办地点建议主会场放在宜昌，而不是屈原故里秭归。

（三）屈原端午文化节产品开发

围绕定位，屈原端午文化节应该开发多样性的产品，以丰富节日的内涵，增加节日的吸引力。

1. 屈原端午文化节节庆氛围营造

节庆氛围的营造需要政府和相关部门的大力宣传，需要适度建设基础设施，需要通过街道命名、街道装饰等方式让城市和屈原端午文化建立密切联系。同时，可以加强对普通市民的端午节民俗熏陶，让宜昌人养成按传统习俗过隆重端午节的习惯，让其他地方游客形成共识：到宜昌过正宗端午节。可以将整个农历五月作为屈原端午文化月来打造，延长时间，增加内容，丰富内涵。

2. 屈原端午文化节娱乐旅游产品开发

目前，秭归已有水上舞台剧《礼魂》。但其他娱乐产品基本上还是空白，需要策划多种集娱乐和文化一体的项目，吸引游客参与。

3. 屈原端午文化节购物旅游产品开发

可以推出和屈原端午节密切相关的购物商品，比如屈原铜像微缩模型，楚辞珍藏纪念版，《离骚》书法作品，仿真粽子装饰品，楚人传统饰品等。还可以将当地特产进行包装和推广，如秭归脐橙、高山茶叶等。

4. 屈原端午文化节观光旅游产品开发

配合屈原端午文化节，开发多条遍游宜昌市或者周边的旅游线路，延长游客的停留时间，切实增加旅游收入。

（四）屈原端午文化节营销传播

屈原端午文化节应该针对全球华人进行营销，基于此，在营销传播时应该注意以下几点：

1. 媒体推广

媒体选择分层次，主体客户群应是华中地区的游客，应该选择针对性媒体进行推广，其次是其他地区游客，应该按一定比例选择国家级媒体，再次是国际华人，适当进行国际营销。

2. 事件推广

通过精心策划，打造轰动性事件，类似"柯受良飞越黄河""俄罗斯战机穿越天门洞"之类，扩大知名度和影响力。

3. 其他营销推广方式

比如影视产品策划、制作，类似于《丽江的柔软时光》之类的书籍等的刊印等，让屈原端午文化深入人心。

城市形象的传播

作为全国优秀旅游城市，全国文明城市，湖北宜昌依托三峡大坝和三峡风光，初步树立了自己的城市形象。但是，城市形象传播的效果还有待提升，一方面，宜昌在全国乃至国际的知名度和美誉度还需要加强，另一方面，宜昌还没有从根本上改变作为旅游过境地而不是目的地的尴尬局面。

我们认为，应在对宜昌城市形象进行准确定位基础上，将所有传播手段整合，发挥宣传合力，同时创新城市形象宣传的方法，以放大城市形象宣传的效果。

一、定位——城市形象传播的基础

旅游地形象定位是旅游地形象传播的前提，它为形象传播指明方向。宜昌曾先后采用过以下宣传口号："三峡捧出宜昌市，世界崛起水电城""金色三峡、银色大坝、绿色宜昌""爱上宜昌"等。反映了宜昌对城市形象定位的反复思考。

旅游地形象定位必须植根于当地文化背景，体现资源和地方特色，还要有一定的地域性和较强的排他性。通过对宜昌的地脉和文脉进行梳理，可以发现以下因素，在宜昌城市文化的形成中，发挥着作用：

（1）峡江文化。西陵峡在宜昌境内，长江从市区穿过，独特的峡江地貌衍生出特有的文化，反映在居住、饮食、人际交往等方方面面，成为宜昌城市文化的重要组成部分。

（2）码头文化。作为传统码头，码头文化积淀在宜昌的历史中。

（3）产业文化。主要表现为水电文化和茶文化。20 世纪 70 年代以后，由于大力开发市域内丰富的水电资源，葛洲坝水电枢纽、清江隔河岩水电站、三峡工程等大型水电工程的兴建，使宜昌成为当之无愧的水电之都，水电文化也成为宜昌文化的一部分。独特的地理和气候特点，也使宜昌成为茶叶的重要生产基地。茶叶是宜昌主要的旅游产品之一，茶文化是宜昌城市文化的组成部分。

（4）巴楚文化。宜昌的山岭是土里巴人的衍生之地，美丽的巴人传说和独特的土家风俗至今仍然流传在宜昌。同时，宜昌原属楚国，是楚国著名爱国诗人屈原的故乡，吊念屈原的仪式每年举行，楚文化也是宜昌文化传承中不容忽视的一部分。

（5）名人文化。王昭君是从宜昌走出去的文化名人，宜昌曾是三国古战场，长坂坡、当阳桥等三国遗迹犹存，刘备、关羽、张飞、赵子龙、陆逊等三国名人都曾在宜昌境内活动，名人文化也是宜昌文化的组成部分。

这些地脉文脉中，哪些是宜昌独有的，占有垄断资源的呢？峡江文化——西陵峡虽在宜昌境内，游全程三峡必须经过宜昌，但是三峡主要行程在重庆，而且，在旅游资源、城市规模等各方面，重庆都优于宜昌，同打三峡牌，宜昌很容易被重庆遮蔽。事实也是如此，宜昌目前主要是三峡游的过境地，而不是目的地。同时，宜昌境内由于峡江地貌而形成的旅游景点，同质化严重，缺乏对远程客人的吸引力。码头文化——码头文化作为历史沉淀仍然影响着宜昌，但水运衰落之后，码头文化随之衰落也是不争的事实，码头文化无法成为宜昌的标志性文化。产业文化——茶产业虽然在宜昌经济活动中占有重要的地位，但宜昌目前还没有出现像庐山云雾、西湖龙井等类似的具有较高知名度和美誉度的产品，所以，以"茶城"来定位宜昌，目前条件还不成熟。水电产业，宜昌目前有世界最大的水电枢纽工程，同时，境内还有多处其他具有国内及国际影响力的水电枢纽工程，"水电城"的名号宜昌当之无愧。三峡大坝，是宜昌真正具有的能够进行领先定位的旅游资源。巴楚文化——和宜昌相比，湖北荆州更适合打"楚文化"这张牌，荆州境内的纪南，毕竟曾是楚国都城，荆州境内也曾出土大量的楚国文物。土家族文化开发也无法与邻近的恩施、湘西、渝东南匹敌，难以有大的发展和新的突破。名人文化——虽然宜昌在三国文化上难以与东邻的荆州、赤壁，北邻的襄樊抗衡，但在宜昌出生的屈原和王昭君却是宜昌拥有的"稀缺"资源。

从以上的分析我们可以得出和曹诗图先生同样的结论："在宜昌市文化定位上，可以水电文化为主，名人文化为辅"。宜昌目前采用的定位基本符合这一结论。

二、缺乏合力和创新——宜昌城市形象传播的问题

目前，政府通过一系列政府行为，如改造街景、创全国文明城市、到北京甚至香港参加推介会，在权威媒体投放城市宣传广告、制作城市宣传微电影、规范景区景点路牌等方式，对宜昌城市形象推广产生了重要作用，但是，由于城市形象传播的复杂性，宜昌城市形象传播还存在一些问题，主要表现在：

（一）泛在的大量影响城市形象的传播媒介缺乏统一的指导思想和系统的规划，没有在城市形象传播中形成合力

宜昌目前主要通过以下媒介进行城市形象推广：

1. 宜昌旅游网站

我们对和宜昌旅游形象有一定相关性的网站进行了文献研究。主要调研了以下网站：宜昌主要旅行社官网；宜昌主要景点官网；宜昌主要政府网站。通过文献分析我们认为：

这些网站都对宜昌的城市形象具有一定的正面推介作用，旅行社网站和景点网站主要展现的是旅游形象，形象展示具有直接性。政府网站主要展现的是宜昌的城市综合形象，形象推介具有间接性。直接的旅游形象和间接旅游形象共同对游客产生影响。在形象推介上，网站的主动性和积极性有待加强。行业网站缺乏统一思想和认识，没有形成合力。

2. 宜昌本土报纸旅游栏目

我们主要分析了宜昌本土三大报纸：三峡日报、三峡商报和三峡晚报。这些报纸都有和旅游相关的栏目或版面，如三峡商报有专门的旅游专刊，该专刊主要针对宜昌市民和周边县市居民，推介宜昌景点。

通过对本土报纸旅游类栏目或版面的分析，可以发现：精品线路、热点景点、出游知识等是宣传的重点，欣赏性、体验性和实用性是办刊的目的所在，目标受众主要是宜昌市民和周边县市居民。对于宜昌本土居民加深对宜昌本土和周边景区的认知度具有较大的作用，但是，在对外推介宜昌景区和城市形象上作用不大。本土旅游类栏目在策划能力方面需要进一步加强，应在引导外地居民到宜昌，提高宜昌对旅游者的吸引力方面多做工作。

3. 宜昌旅游形象微电影《相约山楂树》

2011年6月，凤凰网播出了宜昌城市形象宣传微电影《相约山楂树》。该片时长30分钟，以一对网友到宜昌相聚，一见钟情，最后发展为情侣的爱情故事为主线，巧妙地介绍了大量的宜昌风景。

这部城市宣传片作为首部国内城市宣传微电影，在类型上有所创新，同时，推出的时机也恰到好处。当时，张艺谋电影《山楂树之恋》正在热播，这部电影的原著作者出生于宜昌，电影中的故事发生在宜昌，电影很多镜头也取景于宜昌。《相约山楂树》通过和《山楂树之恋》的比附效应，对提升城市形象具有一定作用。

但是，该片也具有一些局限性，一是在内容上，剧本创新性不够，无法吸引住见多识广的受众；二是在主题思想的传达上，一些庸俗的价值观被无意识地反映到了影片中，影响了整部片子的格调。如女主人公之所以受到人们赞赏，是因为她离开父母选择的富翁男友，自主选择了新入社会的充满清新气息的网友，这一选择倡导了纯洁的、非物欲的爱情观，但是影片最后，却告诉人们，新男友原来也是新晋富豪。受众混乱了——看来，清新帅气的男友如果富裕那就更完美了——真爱还是染上了铜臭味。三是影响面有限，该片没有充分应用《山楂树之恋》的影响力进行宣传，加之演员默默无名、投放媒体过于单一，影响面相对狭窄。

4. 宜昌形象宣传歌曲

宜昌制作有城市形象宣传歌曲《爱上宜昌》，该歌曲由民族歌手谭晶演唱。由于民族歌曲受众的局限性，加之推广力度不大，这首歌曲知名度和传唱度不高，起到的宣传作用不大。

5. 宜昌城市形象宣传广告

宜昌也在国家级媒体上投放有宣传广告，但是和国内大多数城市形象宣传广告一样，广告缺乏新意，吸引力不够。

（二）缺乏能充分反映城市形象定位的标志性节事活动

宜昌市现主要有"中国长江三峡国际旅游节"（简称国际旅游节）、"中国宜昌长江钢琴音乐节""屈原故里端午文化节""嫘祖庙会"等26个旅游节事活动项目。

通过梳理这些节事活动，我们认为：

（1）节事活动的影响有限，没有形成有独特影响力的标志性的节事活动。节事活动还没能成为反映宜昌形象的指代物。在这方面，我国已有部分城市走在了前列，如，提起风筝节，就会想到潍坊，提起啤酒节，就会想到青岛等。

（2）没有能彰显宜昌文化特点的重要的节事活动。曾创办得比较成功的三峡国际旅游节，和重庆市合办之后，宜昌虽然能通过比附定位的方式，借助重庆市，提高自己的知名度，但更重要的是，重庆市的形象会对宜昌形象造成遮蔽，使宜昌和重庆不能在三峡国际旅游节中均等受惠。

宜昌目前虽还有屈原端午文化节、关公文化节、昭君文化节等反映名人文化的节事活动，但分散的节事活动没有形成合力，没有在旅游者心目中形成一个明确的指向，也就是，没有准确反映宜昌的城市形象定位。

三、整合——宜昌城市形象传播的方向

基于以上分析，我们认为，城市形象定位一旦明确，所有的营销传播方式都应以此为中心，最后形成合力，使旅游者心目中对城市形象有一个清晰的指向。

（1）宜充分发挥电子媒体和纸质媒体，传统媒体和新兴媒体的作用，统一思想、统一步骤、统一设计，扩大城市知名度和美誉度。充分利用微信、抖音等新兴媒体，实现和游客的交互式信息传播，使信息获得更加便利和快捷，及时了解游客的反馈，增强游客的旅游体验。

（2）重新整合节事活动。从前面的分析我们可以看到，屈原、昭君、三峡大坝是宜昌真正独具的旅游资源，可以将现有的节事活动进行整合，把屈原、昭君、三峡大坝等元素融合其中，推出一个代表宜昌形象的标志性节事活动。比如，可以大办屈原端午文化节。首先，端午节本就缘起于对屈原的祭祀，其次，端午节的一些传统民俗具有一定的体验性，能吸引五湖四海的游客前来参加，如吃粽子、艾草浴、赛龙舟等。再次，端午节已经成为国家法定假日，在这个时间段举行节事活动，目标客户刚好有参与的时间。在纪念屈

原、过端午这一大的主题下，把大坝水电文化和昭君文化组合起来，形成以民俗、赛事、名人、电能为核心吸引要素的节事活动。

（3）城市居民对城市的认知也是城市形象的重要组成部分，需要加大居民教育，提升居民对城市的认知度和认可度，自觉成为城市形象的维护者和传播者，并最终成为城市具有吸引力的形象的一部分。

（4）引入旅游标准化建设，促进城市服务、配套等的标准化，提升城市形象。

（5）宜昌城市形象推介还需要进一步提高策划能力，采用有创新性的宣传策略。比如，借鉴张家界风景区，经常策划一些有冲击性和影响力的公关活动。善于利用一些跨界的信息的影响——书籍、歌曲、电影等，吸引公众注意，影响公众对城市形象的认知。

中国策划人研究述略

在"全民创新，大众创业"这一形势下，各行各业创新的当然先驱者——策划人理应进入关注视野。目前，我国的策划人主要活跃在哪些领域，作为一个策划人应该具备什么样的素质，策划人的生存现状如何，策划人遇到哪些困境……这些问题，也开始引起学术界的关注。在知网平台上，时间设定为从 2008 年 1 月 1 日到 2018 年 8 月 23 日，通过输入"策划人"这一关键词，共获得 611 篇相关文献，经过筛选，其中真正研究策划人的文献为 36 篇。现阐述如下：

一、策划人现状

文献中涉及的策划人主要包括营销策划人、会展策划人、出版策划人、旅游策划人、媒体策划人、项目策划人、广告策划人、房地产策划人等。这是按照策划人工作的行业或者工作的侧重点来划分的。从策划人的来源来分，有人把策划人分成两类，一类是企业内部的工作人员，另一类是企业引入的"外脑"。"外脑"一般是广告公司、营销咨询公司、公关公司里面的一些营销策划人。也有人把策划人，特别是旅游策划人分成以下四类：学院派——主要来自于高校，如中山大学保继刚，四川大学杨振之等；市场派——主要来自于专业策划机构，如王志纲、叶茂中、熊大寻等；一线派——主要来自于企业内部；政府官员派——主要来自于主管部门，如旅游局相关工作人员也参与地方旅游策划。有的文献认为目前我国房地产策划师占比很高，作者认为这可能和如今的房地产发展状况有一定关系，其次是网络营销、网站建设方面的策划师，占的比例也较大。

目前策划人的生存状态如何呢？何会文、周杰，夏文超在《会议策划人（MP）研究述评》中（《旅游学刊》第 27 卷 2012 年第 1 期，P100）介绍了美国会议策划人的相关情况，其中有些数据对中国策划人研究也有一定的借鉴意义。

从该文可以大致了解美国会议策划人以女性居多，年龄集中在 30 到 41 岁，学历以本科居多，大多数会议策划人是白人，30% 的会议策划人有商科背景。该文指出"女性 MP 的收入比男性 MP 大约低 15%"。

瞿昌林在《看上去很美：独立策划人的现实困境》中，讲到中国的图书独立策划人的生存困境，认为"所谓独立策划人其实真的是种很边缘化的状态，游离于作者个体和书商的角色之间，若没有稳固可靠的身份依托，没有强大的资源整合能力，没有良好的市场驾驭能力，很容易陷入进退维谷的尴尬境地"。

综上，策划人一般而言有比较良好的教育背景，生存状况具有很大的差异性，受到性别、能力等各方面复杂因素的影响。

二、策划人的素质构成

策划人的素质和能力要求是学者们关注比较多的问题，大家对策划人胜任要素的看法一般集中在以下几个方面：

（一）文化素质和基础知识

学者们认为：策划人员应该是经过专业培训的人员，而不是随便谁都可以胜任的。策划人的受教育程度应该在大专以上，甚至更高。策划人应具备一定的文化底蕴。

综合大家的看法，一个策划人需要的基础知识主要包括：

（1）企业经营管理理论，包括管理学、行为科学、市场营销学知识等。

（2）社会科学知识，包括社会学、心理学、社会心理学等。

（3）法律政策知识。

（4）现代传媒知识。

等等。

（二）心理素质

细心；沟通能力；谈判能力；处事灵活；同时驾驭多项工作的能力；创新能力；耐心；善于倾听；抗压力；幽默；当机立断；等等。学者们认为，策划人至少要有以上心理素质，才能胜任这一挑战性比较强的工作。

（三）专业知识和能力

综合来看，策划人应该具有的专业知识至少包括：营销策划学的基础理论和实务知识，包括营销策划学的基本概念、基本技能、基本原则和工作程序、营销策划的基本方法等。

策划人的业务素质则应集中在以下方面：（1）创新的思维。（2）超人的想象力。（3）灵活的头脑。（4）严密的操作力。（5）良好的角色感。营销策划人需要有良好的角色感，善于分工协作，激发众人的积极性和聪明才智。（6）敏锐的信息捕捉能力。一个合格的营销策划人应该是"综合素质高且创造力强"的人。

部分学者对策划人进行了调查，发现项目策划人的职业素养中，市场调研能力、整合能力、洞察能力、创新能力和执行力是受关注程度最高的。

（四）实践经验

丰富的阅历对策划人的策划能力提高十分重要，一部分从毕业后就进入专业机构从事策划工作的人员因为缺乏如营销经历、业务员经历等实战经验，做出的策划案往往不能联系实际，不能落地。因此，丰富的实践经验也是策划人自身素质中应该具有的重要方面。

（五）道德修养

和专业能力相比，很多企业更关注策划人的道德素质。

广西艺术学院刘丽娜、张倩湄于 2015 年春季对项目策划人展开了调查。调查结果表明企业对从事策划岗位的员工的专业素养、职业道德素质及其他素质均有要求。

这些素质中，排在前三位的依次是认真负责的工作态度（21.2%）、吃苦耐劳的意志品质（19.6%）以及市场调研的能力（16.8%）。

综合学者们的看法，我们认为策划人员可以从以下方面加强道德修养。

第一，策划人应该具备以天下为己任的博大胸怀，自觉确立人本意识和立志服务社会的策划理念。

第二，在策划活动中遵守行业的道德规范。

第三，以诚信为本，注重企业的信誉，绝不能为谋取一时的利益而进行欺诈。

第四，要严格保守国家、客户和企业的秘密。

（六）其他知识和能力

除了以上应该具备的最基本的素质和能力外，策划人还应该是个杂家，诸如电脑技术、相关产业知识、美学知识、伦理知识、商务谈判知识、财务预算知识等，都应该有所涉猎和掌握。同时，具有较强的解决问题的能力，较好的人际关系处理技巧，时间管理、风险管理能力等。

有人通过分析国内外成功策划人的素质特点，认为策划人作为一种特殊人才，其素质内在结构可以划分为应有维（身心特质维）、应知维（知识、经验维）、应会维（技能和能力维）、应是维（思想品德维）四个领域，以及天赋、普通要求层、特殊要求层三个层级。

三、存在的问题

现代意义上的策划毕竟还是一个新兴行业，策划人在摸索和学习中不断成长，也遇到了一些问题。有学者认为，在营销策划这个职业中有一特殊现象：同一职业，产生了两个不同群体。这两个群体有各自不同的特征，第一种的特征是只会大处着眼，夸夸而谈，却不能落到实处；另一种的特征是只会低头蛮干，不会抬头看天，没有战略思维。而事实上，真正的营销策划人则应该既能从大处着眼、战略思考，又能从小处着手、落到实处。

有学者也总结了目前策划人存在的思维局限，认为主要表现在以下方面：（1）重经验轻创新。（2）为创新而创新；一些创新脱离了基本底线。（3）重策划轻执行。

学者们认为，为了克服存在的一些问题，策划人需要"思维的突破、视野的突破和知识的突破"。

四、个案研究

经过数十年的实践，我国也产生了一些优秀的策划人，目前一些成功的策划人已经引起学术界的关注，部分优秀的策划人个案开始纳入了学者研究的范畴。如刘子瑜在《艺术科技》上刊载的《浅析广告营销大师叶茂中作品特点》，就对中国著名策划人叶茂中的作品进行了分析。另有学者也研究过王志纲等人的策划案例。

五、研究空白

十年多来，知网平台上录入的研究策划人的文献只有 36 篇，说明，学术界对策划人的研究还不是特别充分。学者们的研究大多集中在策划人应该具备的素质和能力上，对策划人的生存状态、我国策划人的人口学分类等关注较少。未来对策划人的研究可以从以下方面来填补现有研究的空白：

（1）中外策划人比较研究。"他山之石，可以攻玉"。我国现代意义上的策划学基本上是从西方引进的，因此，加强对中西方策划人的比较研究，有利于我国策划人开阔视野，并形成我国策划人特有的风格。

（2）策划人生存状态研究。充分地了解策划人的生活、工作、报酬等各方面的情况，有利于更好地研究这个群体。

（3）策划人人口学特征研究。可以通过调查或者访谈等方式，了解目前我国策划人的性别、年龄、地域、学历等状况，找出其规律性。

（4）策划的流派研究。可以梳理我国目前现有的策划人的理论和案例，看是否已经形成特点分明的流派，促进策划人"百家争鸣"，促进创新。

（5）策划人来源研究。了解策划人的培训和教育背景，为针对性地培养策划人提出策略思路。

（6）策划人在创新创业中的意义和价值。目前对这一块的论述也比较少。

基层策划人人口学特征和生存状态

随着一个又一个成功案例的出现，优秀的策划人，如叶茂中，王志纲等人，开始反复出现在公众视野。他们的策划理念也逐渐引起学术界的关注。人们赋予策划人一层又一层炫目的光环，人们希望了解策划人这一群体。但是，由于策划工作本身的内涵丰富，外延广泛，对策划人群体做一个界定似乎比较困难，更遑论对这个群体做详尽的调查。从2008年1月1日到2018年8月23日，知网上真正研究策划人的文献只有36篇，而且涉及到营销策划人、会展策划人、出版策划人、旅游策划人、媒体策划人、项目策划人、广告策划人、房地产策划人等多个行业。那么，到底是怎样一群人在做策划工作？成功策划人的状态是否能代表广大战斗在策划最基层的策划人？基层策划人的生存状况如何呢？2018年7月22日到7月30日，笔者对参加中国策划学院"高级策划师"培训的基层策划人进行了访谈和问卷调查。试图从一个小的侧面初步了解一下基层策划人这一群体。

本次调查共发放问卷50份，回收有效问卷35份。问卷内容主要包括：被调查者的人口学特征，专业和职业背景，资格证书情况，从业状态和职业规划，对职业的认知等。

现将有关情况综述如下。

一、基层策划人人口学特征

问卷设置了可多选的6个选项，从结果来看，被调查者中，从事活动策划和品牌策划的居多，其次是广告策划，再次是旅游策划，然后是房地产策划。

被调查的基层策划人员侧重的行业如表3-1。

表3-1 策划人从事的行业情况

A 旅游策划	11	31.4
B 品牌策划	18	51.4
C 广告策划	13	37.1
D 房地产策划	6	17.1
E 农业策划	2	5.7
F 活动策划	26	74.3
G 其他	4	11.4

被调查者分别来自北京、河北、广东、海南、河南、山东、浙江等十多个省市。分布比较广泛。

在被调查人中，男性占 38.2%，女性占 71.8%。年龄集中在中青年，其中，20~39 岁的人数最多，为 15 人，占 44.1%，其次是 18 到 29 岁的，有 9 人，占 26.5%，再次是 40~49 岁的，有 7 人，占 20.6%。学历主要是大专及本科，共 27 人，占 79.4%。

从以上结果，我们大致可以得出如下结论：

（1）年龄以中青年为主。这和策划师这个行业基本是符合的。策划就是"创造性地解决问题"，"创新"是策划的灵魂。一个策划人要能及时把握住时代和行业变化的脉搏，思维要活跃，在这方面中青年更有优势。根据心理学的相关理论，"刻板印象"和年龄增长有一定相关性，随着年龄增长，人们对事物的看法更容易固定，也就是产生"固定的成见"，不利于创新。

（2）受到过比较良好的教育。这和学者们的观点也基本一致。策划是个厚积薄发的过程，为了做好策划，需要做好必要的知识储备。这样，策划人才能达到一定的思维广度和深度。

（3）本次调查显示从业人以女性居多。何会文、周杰，夏文超在《会议策划人（MP）研究述评》中（《旅游学刊》第 27 卷 2012 年第 1 期，P100）介绍了美国会议策划人的相关情况，他们发现，美国会议策划人也以女性居多，年龄集中在 30 到 41 岁，学历以本科居多。但这篇文章只侧重于会议策划人，而且也无法找到更进一步的其他资料，所以现在不能判断这次调查的数据是否能代表我国整个策划行业的男女从业人员的比例。

二、基层策划人专业知识和专业背景

除了以上基本情况，为了了解策划人的来源和专业背景，本次调查还调查了策划人学生时代所学的专业以及是否受过策划方面的专业训练。发现，82.4% 的人没有系统学习过策划知识。有 9 人学生时代的所学专业与策划基本相关，如"环境艺术设计、平面设计、广告"等，另有 6 人所学属于商科相关专业，如"市场营销""经济管理"等。其他大多数被调查者专业背景复杂，涉及到诸如"计算机""数学""教育"等。

同时，在从事策划工作之前从事过其他与策划完全无关的工作的人在被调查者中占大多数。为 24 人，占 70.6%。在被调查人中，只有 5 人拥有相关执业资格证，85.3% 的被调查者没有相关策划类资格证书。

从以上数据可以发现，基层策划人基本上是"杂家"，所学比较庞杂。这说明，一方面，目前的策划行业具有一定的包容性和易进入性，行业壁垒不鲜明。另一方面，也给我们提出了一个要思考的问题：为了应对要求越来越高的市场，策划行业是否需要提高行业壁垒，是否需要加强资格认证，是否需要对策划人或者策划公司进行分级管理。

三、基层策划人员生存状态

表 3-2 显示了被调查者在策划行业的从业年限。

表 3-2 策划人员从业年限

从业年限	人数（人）	占比（%）
A0~3 年	12	35.3
B4~10 年	11	32.4
C11~20 年	10	29.4
D21~30	1	2.9
E30 年以上	0	0.0

可以看出，绝大多数被调查者在策划行业从业时间低于 20 年，其中，初入行业的占 35.3%。因为被调查者都是接受"策划师"培训的学员，说明入行时间相对较短的策划者可能更具有学习专业知识的动机，两者之间可能具有一定相关性。

基层策划人员对目前职业的认识如何呢？被调查者中，有 61.5% 的人表示对自己目前的工作状态满意，并称在工作中有成就感。部分策划人对策划工作怀着"浪漫"的想象，认为策划工作相当于古代的谋士。

在调查中发现，基层策划人员平均日工作时间是 9.75 小时。其中，最长日工作时间 15 小时，最短 6 小时。

对策划人来说，什么最重要？比较集中的答案是：职业道德、理论学习和实战经验、灵感、格局等。

哪些因素决定策划案能够被采纳呢？答案最多的是创新和务实。

那么，在策划中遇到的困难主要有哪些呢？受访者们认为遇到的困难主要包括自身方面如知识、眼光局限，外在条件方面如资金不到位，社会环境方面如甲方不诚信等。至少 3 名基层策划人员对于策划案得不到认同感觉十分苦恼。

四、调查后思考

这次调查给我们一些启发和思考：

（1）策划行业需要行业自我提升，可从可进入性、执业规范等各方面加强对策划人员的管理，提升策划人员基本素质，并为策划人员设置进入门槛、晋升方式和途径，使对策划人员的评价有量化指标，方便策划人员和企业在双向选择时，综合考虑报酬、待遇等各方面问题。

（2）策划行业需要行业自我保护。"创意"被市场认为十分重要，但是把"创意"当作一种产品付费购买，还没有得到市场广泛认同。所以怎么加强自我保护，怎么让付出的劳动等得到合理报酬，对常常做"无用功"的策划人来说十分重要。策划行业可以成立行业协会，为策划人提供法律、合同文本、签约技巧等援助。

（3）从业者大多对职业持正面评价。说明策划行业充满生机，未来大有可为。可以大力扶持发展。

第四章

知识外溢与创新传播

产业链、创新链、服务链协调度研究

——以长江中游城市群中心城市为例

长江中游城市群承东启西、连南接北，是中国区域协调发展战略的重要组成部分。在国务院刚刚批复的长江中游城市群十四五发展规划中，该区域被寄望成为"长江经济带发展和中部地区崛起的重要支撑，全国高质量发展的重要增长极"。长江中游城市群，又称"中三角"，是以武汉为中心，以武汉城市圈（武汉为中心城市）、环长株潭城市群（长沙为中心城市）、环鄱阳湖城市群（南昌为中心城市）为主体形成的特大型国家级城市群，涵盖湖北省、湖南省、江西省内 31 个市，于 2012 年由湖北、湖南、长沙三省提出[①]，2015 年，国务院批复同意《长江中游城市群发展规划》，在国家层面对该城市群建设进行了认可。该城市群成立以来，发展迅速，正逐渐成为中国第四大经济增长极，但与其他发展较快的一体化区域相比，仍然存在差距[②]，面临经济总量不及长三角、增速不及成渝的"中部塌陷"困境[③]。该城市群要在全国统一大市场中发挥空间枢纽作用，真正成为具有国际影响力的重要城市群，还需持续提升区域竞争力。要把区域生产要素转化为竞争优势，需要较强的生产要素整合能力，产业链、创新链及支持产业链、创新链发展的服务性链条的有机联结、高度匹配、深度融合，是整合生产要素，提高区域整体创新效能的有效手段[④]。长江中游城市群产业链、创新链、服务链的协调发展状况如何？本文基于长江中游城市群成立以来的数据，采用耦合协调模型，探讨该城市群"三链"协调度。中心城市溢出效应是决定城市群整体发展水平的重要因素之一，溢出效应的发挥受城市自身实力的制约，提升中心城市竞争力，有利于区域整体经济发展，因此，本文重点研究长江中游城市群三大中心城市武汉、长沙、南昌的产业链、创新链、服务链三链协调发展状况。

---

① 秦尊文，等. 中三角蓝皮书：长江中游城市群发展报告（2013-2014）[M]. 北京：社会科学文献出版社，2014.

② 郑文升，等. 长江中游城市群空间结构的多分形特征 [J]. 地理学报，2022，7704：947-959.

③ 晁静. 长江经济带三大城市群经济差异演变及影响因素——基于多源灯光数据的比较 [J]，经济地理，2019，39（05）：92-100.

④ 陈雄辉，等. "四链"融合发展水平评价研究——以广东地区为例 [J]. 中国科技论坛，2021，（07）：107-114.

一、三链协调发展机理分析

（一）产业链、创新链、服务链与多链协同

综合学者们观点，产业链（Industry Chain）是服务和产品从生产到提供给消费者的过程中形成的一种企业间的协作关系，包括以供给与需求为连接纽带的上下游关联组织①，是一种由相互链接的产业所组成的产业系统②。原材料供应商、生产商、经销商、终端市场等组成产业链自上而下的几个关键节点。马歇尔（Marshell）在1992年提出了创新链（Innovation Chain）的概念，认为创新是不同创新主体互动的过程，是一条环环相扣的链条③。创新链的实质是以产业链为导向的各创新主体之间的多元合作④，是实现全链条价值创造并获得可持续竞争优势的动态过程⑤。创新链由科研院所、高校、企业研发机构及其他研发机构组成，并贯穿研发、成果转化、市场化等创新成果产业化全环节。王吉发等提出了科技服务链（Service Chain）的思想，认为科技服务链是以创新为基础的，由相关服务组合成的链式结构，是连接创新与市场需求的桥梁，旨在为创新成果转化提供服务⑥。也有学者从生产性服务业的角度来看待服务链，认为服务链是围绕某产业发展的服务性产业的集合⑦。綦佳等提出了更宽泛的服务链的概念，认为服务链是各种服务单位，通过或紧密或松散的联系而形成的一种供应链⑧，供应的是产业发展需要的各种服务要素。因此，资金链、政策链等均可以归属为服务链中。政府、金融机构（银行、保险公司等）、咨询机构、中介机构、其他服务机构等是服务链的主要组成部分。

2016年5月，全国科技创新大会首次提出"创新链、产业链、资金链、政策链融合发展"的命题，要求"围绕产业链部署创新链，围绕创新链完善资金链，通过政策链实现

---

① 杨明，林正静. 用创新生态理论和"四链"融合研究建设粤港澳大湾区国际科技创新中心 [J]. 科技管理研究，2021，（13）：87-93.

② 魏然. 产业链的理论渊源与研究现状综述 [J]. 技术经济与管理研究，2010，（06）：140-143.

③ Marshall. J. An empirical study of factors influencing innovation implementation in industrial sales organizations [J]. Journal of the academy of marketing science, 1992, 20 (03)：205-215.

④ 代明，等. 创新链结构研究 [J]. 科技进步与对策，2009，29，（03）：157-160.

⑤ 曲冠楠，等. 面向新发展格局的意义导向"创新链"管理 [J/OL]. 科学学研究：1-15 [2023-01-05]. DOI：10.16192/j.cnki.1003-2053.20220217.002.

⑥ 王吉发，等. 基于创新链的科技服务业链式结构及价值实现机理研究 [J]. 科技进步与对策，2015，15（32）：59-63.

⑦ 陈国亮，等. 产业协同集聚形成机制与空间外溢效应研究 [M]. 浙江：浙江大学出版社，2020，167.

⑧ 綦佳，等. 服务链理论 [J]. 北京工业大学学报（社会科学版），2006，6（4）：22-25.

系统融合和统筹协调"①。党的二十大报告中，再次提出"推动创新链产业链资金链人才链深度融合"②。学者们对两链、三链以及多链协调发展进行了研究。高洪玮探讨了产业链与创新链相互作用的机制，认为创新发展是提高产业链安全性和稳定性的重要方式③。李雪松认为，产业链与创新链协同作用的发挥主要是通过影响技术进步从而促进全要素生产率的提升④。埃茨科维兹（Etzkowitz）认为大学、政府和产业三方在创新中密切合作，在互惠互利原则下相互作用，在功能上彼此重叠、加强和补充，给他们所处的社会创造价值⑤。李晓锋构建了产业链、创新链、服务链、资金链"四链"融合框架模型，认为"四链"融合的实质是不同创新主体之间的协同深化⑥。陈福时也认为，上述"四链"能够通过融合整合产业要素⑦，"四链"融合的高级化程度，反映了要素的整合程度，也直接决定区域生产要素的整合绩效。总之，学者们考察多链协调的角度虽不尽相同，但对多链协调发展的意义认识基本一致，认为，产业链、创新链以及与其他服务支持性链条的协调发展，能整合生产要素，共同创造价值。

（二）基于系统论的三链协调发展机制

本文认为，产业链、创新链、服务链一起组成了一个复杂系统——基于三链协调的产业协同创新体系（图4-1）。其中，产业链是核心，创新链为产业发展提供动力，服务链是产业发展的支撑和保障。理想化的产业协同创新体系应符合以下条件：

（1）"三链"发展强劲，无断链、弱链。产业链由现代化的产业基础设施支撑，具有高级化的产业结构；创新链具有较强的创新投入和产出能力；服务链各环节完备，能为产业发展提供支持和保障，并调节产业和创新链发展的方向。

（2）三链之间彼此协调，通过"产业链"——"创新产业链"——"产创服三链协同发展"的演进过程，逐步实现紧密融合。①创新链与产业链相互融合形成一个共同创造

---

① 习近平. 为建设世界科技强国而奋斗——在全国科技创新大会、两院院士大会、中国科协第九次全国代表大会上的讲话 [M]. 北京：人民出版社，2016.

② 习近平. 高举中国特色社会主义伟大旗帜，为全面建设社会主义现代化国家而团结奋斗——在中国共产党第二十次全国代表大会上的报告 [M]. 北京：人民出版社，2022.

③ 高洪玮. 推动产业链创新链融合发展：理论内涵、现实进展与对策建议 [J/OL]. 当代经济管理，https://kns.cnki.net/kcms/detail/13.1356.F.20220322.1606.004.html.

④ 李雪松，等. 地区产业链、创新链的协同发展与全要素生产率 [J]. 经济问题探索，2021，（11）：30-44.

⑤ Leydesdorff, L., Etzkowitz, H. The Triple Helix as a model for innovation studies [J], Science and Public Policy, 1998, 25 (3)：195 – 203.

⑥ 李晓锋."四链"融合提升创新生态系统能级的理论研究 [J]. 科研管理，2018，39 (9)：113-120.

⑦ 陈福时，等. 产学研协同创新对产业结构升级与发展影响的实证——以长江中游城市群为例 [J]. 统计与决策，2021，21 (585)：174-178.

价值的链条，即创新—产业链。创新链与产业链各节点以及整个产业链本身发生双向的信息交流，形成一种相互融合互为动力的协同关系：创新链围绕产业链布局，创新链的产出精准对接产业链的需求，为产业链的提档升级提供智力支持；产业链的实践及需求，能及时反馈给创新链，为创新链的发展提供源泉和动力，促使创新链上相对自由的节点发挥更大的创新动能。②服务链与创新—产业链相互作用，融合发展。服务链各节点分别或共同为创新—产业链某环节或全过程提供支持，包括政策支持、资金支持、科技成果转化支持、人才支持、基础设施支持、配套建设服务等等。服务链既和创新—产业链整体相互作用，也分别与创新链、产业链彼此交互，在这个过程中，服务链为创新链和产业链提供保障，并成为产业链和创新链之间的黏合剂。在服务链各环节中，政府处于中心地位，发挥引领和协调作用，其他服务环节作用的发挥受到政府的直接或间接影响①。

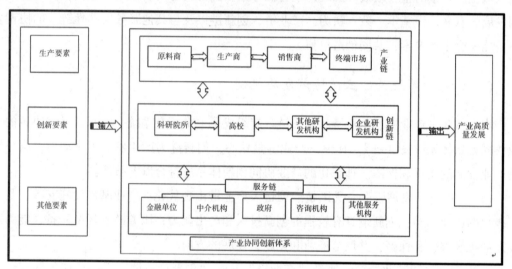

图 4-1　三链协调发展的产业协同创新体系示意图

作为一个以产业链为核心形成的复杂系统，产业协同创新体系的目标是实现区域产业高质量发展。它的组成部分包括产业链、创新链、服务链上的人或机构等主体，资源、资本、信息等生产要素，以及其他围绕产业发展的显性或潜在，有形或无形的成分。它具有系统的一般特征：如动态性、开放性、整体性等。体系内部大小系统之间进行着积极的紧密的互动，并维持动态均衡，一个组成部分的变化会导致其他部分随之发生改变，再达到新的均衡。如服务链中金融机构对创新链转化阶段的投入增加，将鼓励创新链上下节点及不同的创新主体的劳动投入，进而可能带来产业链上产品供给的变化，同时正向反馈给服务链，形成良性的互动。当然，如果给与的是负向反馈，动态性也会使系统趋向于自我调节至一种新的均衡，以及时"止损"和修正。作为一个有机整体，产业协同创新体系由各

---

① 陈曦，等. 中国制造业产业间协同集聚的区域差异及其影响因素 ［J］. 经济地理，2018（12）：104-110.

部分组成，各组成部分的相互作用及良性互动，使整体功能大于各要素之和。这种整体性效应，正是产业协同创新体系运作的基本机制和内在动力。产业协同创新体系受到政府和市场调节。市场这一无形之手推动该体系的发展，政府的宏观引导可以避免该体系陷入无序化。

二、研究方法

（一）初始数据的标准化处理

1. 模型建立

已有部分学者探索了三链或多链协调的测度方法，运用较多的是复合系统模型[1][2]，耦合协调模型[3][4][5][6]，主成分分析法[7]等。在分析已有研究的基础上，本研究采用改良的耦合协调模型对三链协调发展程度进行评价。首先，对数据进行标准化处理，其次运用熵值法确定各评价指标的权重，并据此确定产业链、创新链、服务链各自的发展水平函数，最后建立耦合协调度模型。

为使不同指标在跨地区和年份之间具有可比性以及消除原始数据间量级、方向差异，首先对各指标的原始数据根据下述公式进行极差标准化处理。

$$v_{ij} = \frac{v_{ij} - min\ v_{ij}}{max\ v_{ij} - min\ v_{ij}} \tag{1}$$

其中：v_{ij} 为正向指标

① 梁文良，黄瑞玲. 江苏高技术产业"三链"融合度的测度与评价——基于复合系统协同度模型的实证研究 [J]. 现代管理科学，2022（01）：51-60.

② 李雪松，龚晓倩. 地区产业链、创新链的协同发展与全要素生产率 [J]. 经济问题探索，2021，472（11）：30-44.

③ 姜磊，周海峰，柏玲. 长江中游城市群经济–城市–社会–环境耦合度空间差异分析 [J]. 长江流域资源与环境，2017，26（05）：649-656.

④ 马静，李小帆，张红. 长江中游城市群城市发展质量系统协调性研究 [J]. 经济地理，2016，36（07）：53-61.

⑤ 肖滢，马静. 科技创新、人力资本与城市发展质量的实证分析 [J]. 统计与决策，2018，34（16）：169-172.

⑥ Lu Huiling, et al. Degree of coupling and coordination of eco-economic system and the influencing factors: a case study in Yanchi County, Ningxia Hui Autonomous Region, China [J]. Journal of Arid Land, 2017, 9（3）：446－457.

⑦ 周柯，周雪莹. 空间视域下互联网发展、技术创新与产业结构转型升级 [J]. 工业技术经济，2021，40（11）：28-37.

$$v_{ij} = \frac{max\ v_{ij} - v_{ij}}{max\ v_{ij} - min\ v_{ij}} \tag{2}$$

其中 v_{ij} 为逆向指标

式中：

v_{ij} 为系统 i 的第 j 项指标的标准化值；v_{ij} 为系统 i 的第 j 项指标的原始值；$max\ v_{ij}$、$min\ v_{ij}$ 分别为系统 i 的第 j 项指标的最大值和最小值。为了避免部分指标值为 0 无法取对数，对指标进行非零化处理。

2. 指标权重的处理

运用熵权法确定各指标的权重。公式为：

$$w_j = \frac{1 - H_j}{m - \sum_{j=1}^{m} H_j} \tag{3}$$

其中，H_j 是第 j 个指标对应的熵值 E，公式为

$$H_j = -k \sum_{i=1}^{n} (f_{ij} \times In\ f_{ij}) \tag{4}$$

其中，$k = \frac{1}{Inm}$，$f_{ij} = \frac{y_{ij}}{\sum_{i=1}^{n} y_{ij}}$。

3. 产业链、创新链、服务链发展水平函数确定

计算产业链、创新链、服务链三个子系统各自标准化值，公式为：

$$U_1(x) = \sum_{i=1}^{m_1} a_i x_i \tag{5}$$

$$U_2(y) = \sum_{i=1}^{m_2} b_i y_i \tag{6}$$

$$U_3(z) = \sum_{i=1}^{m_3} c_i z_i \tag{7}$$

式中：

m_1、m_2、m_3 分别为第一、二、三个子系统指标的个数；a_i、b_i、c_i 代表各指标权重。

用熵权法，即公式（1）、（2）确定各子系统标准化值的权重，根据标准化值和权重，进一步计算各子系统的综合发展水平函数，公式为：

$$T = \sum_{i=1}^{n} a_i \times U_i, \quad \sum_{i=1}^{n} a_i = 1 \tag{8}$$

式中：

U_i 为第 i 个子系统的标准化值；a_i 为第 i 个子系统的权重。

4. 建立耦合度模型，计算耦合度

耦合度模型可以揭示城市群内部产业链、创新链和服务链三者相互作用、相互影响的

程度。以下为当 $n=3$ 时的耦合度模型公式：

$$C = \sqrt{\left[1 - \frac{\sqrt{(U_3 - U_1)^2} + \sqrt{(U_2 - U_1)^2} + \sqrt{(U_3 - U_2)^2}}{3}\right] \times \sqrt{\frac{U_1}{U_3} \times \frac{U_2}{U_3}}} \qquad (9)$$

式中：

C 表示三链的耦合度，取值为[0, 1]，C 值越大，子系统间离散程度越小，耦合度越高；反之，子系统间耦合度越低。此模型借鉴王淑佳[①]修正后的版本，优势是将 C 尽可能分散分布于 [0, 1]，加大 C 值的区分度。基于这一修正后的耦合度模型，进一步计算出来的协调发展度可以更合理地测度耦合协调关系与发展水平。

5. 建立协调发展度模型，计算三链协调发展度

耦合度模型只能描述系统之间相互影响的程度，无法确定系统之间的关系是相互协同还是相互拮抗。需要进一步借助协调发展度模型，准确衡量系统之间的耦合协调状况，从而判断系统协调水平的高低。协调发展度 D 计算公式为：

$$D = \sqrt{C \times T} = \sqrt{\left[\frac{\left(\prod_{i=1}^{n} U_i\right)^{\frac{1}{n}}}{\frac{1}{n}\sum_{i=1}^{n} U_i}\right] \times \frac{1}{n}\sum_{i=1}^{n} U_i} = \sqrt{\frac{\left(\prod_{i=1}^{n} U_i\right)^{\frac{1}{n}}}{\frac{1}{n}\sum_{i=1}^{n} U_i} \times \frac{1}{n}\sum_{i=1}^{n} U_i} = \sqrt[2n]{\prod_{i=1}^{n} U_i}$$

$$(10)$$

参考已有研究成果[②]，协调发展度可按照以下标准进行划分（表4-1）。D 值越大，三链之间的协调度越高。

表4-1　协调等级及协调发展度的划分标准

区间	[0, 0.1]	[0.1, 0.2]	[0.2, 0.3]	[0.3, 0.4]	[0.4, 0.5]	[0.5, 0.6]	[0.6, 0.7]	[0.7, 0.8]	[0.8, 0.9]	[0.9, 1]
C 耦合协调度	极度失调	严重失调	中度失调	轻度失调	濒临失调	勉强协调	初级协调	中级协调	良好协调	优质协调
D 协调发展度	极度失调	严重失调	中度失调	轻度失调	濒临失调	勉强协调	初级协调	中级协调	良好协调	优质协调
大类	失调衰退类				过渡发展类			协调发展类		

---

① 王淑佳. 国内耦合协调度模型的误区及修正 [J]. 自然资源学报, 2021, 36 (3)：793-810.
② 廖重斌. 环境与经济协调发展的定量评判及其分类体系——以珠江三角洲城市群为例 [J]. 热带地理, 1999, 6 (19)：171-176.

（二）指标体系设计

在中国知网上，以检索式主题词="产业链" or "创新链" or "服务链" and "耦合" or "融合"为关键词进行搜索，共获得近 5 年相关文献 114 篇，对其中的指标设计进行甄选。根据指标选取的系统性、科学性、客观性和可操作性等原则，综合参考已有文献中的指标设定，并听取专家意见，本文建立了长江中游城市群产业链—创新链—服务链协调发展度评价指标体系（表 4-2）。

表 4-2 "三链"协调发展度指标

一级指标	二级指标	三级指标	单位	指标属性
产业链	产业结构高级化	第三产业和第二产业比值	%	+
	产业结构服务化	第三产业产值和总产值比值	%	+
创新链	科技投入	规模以上企业 R&D 人员占第二产业从业人员比值	%	+
		R&D 经费支出占 GDP 比值	%	+
	科技产出	专利申请量	件	+
		专利授权量	件	+
服务链	资金支持	金融机构贷款数	万元	+
		科研支出占政府一般公共预算支出比例	%	+
	基础设施	铁路、公路、水路货运总量	万吨	+
		信息设施：上网普及率	%	+

产业结构高级化和服务化是产业高质量发展的两个重要方面，用这两个因素来表征产业链的发展。产业结构高级化强调产业结构在产业创新的基础上不断打破经济结构低端锁定，完成从低级到高级的演变迭代。产业结构服务化是第三产业相对于第二、第一产业比重增大，资源配置高效、市场机制完善，是产业结构合理化发展的趋势[1][2]。选取第三产

---

[1] 李勇刚，王猛. 土地财政与产业结构服务化——一个解释产业结构服务化"中国悖论"的新视角 [J]. 财经研究，2015，41（09）：29-41.
[2] 魏敏，李书昊. 新时代中国经济高质量发展水平的测度研究 [J]. 数量经济技术经济研究，2018，35（11）：3-20.

业和第二产业比值表示产业结构高级化水平；选取第三产业产值占地区生产总值的比重来代表产业结构服务化水平。在创新链方面，主要考察创新投入和创新产出，选取规模以上企业 R&D 人员数占第二产业从业人员比值和规模以上企业 R&D 经费支出占 GDP 比值来代表科技投入程度；选取专利申请量和专利授权量来代表科技产出。服务链涉及的环节较多，其中，资金支持、基础设施建设等是服务链的重要组成部分，对产业链及创新链的发展具有重要影响，也相对易于量化，故以这两方面来代表服务链的发展状况。选取金融机构贷款数和政府科研支出占政府一般公共预算支出比例来表征资金支持强度，用铁路、公路、水路货运总量和上网普及率来表征基础设施完善情况。

通过公式（3）、（4），确定各指标及各子系统权重，见表4-3。

表4-3 "三链"协调发展度指标权重和子系统权重

一级指标	二级指标	三级指标	指标权重	子系统权重
产业链	产业结构高级化	第三产业和第二产业比值	0.07504084	0.1642
	产业结构服务化	第三产业产值和总产值比值	0.089232132	
创新链	科技投入	规模以上企业 R&D 人员占第二产业从业人员比值	0.210813791	0.5039
		R&D 经费支出占 GDP 比值	0.045819715	
	科技产出	专利申请量	0.144162863	
		专利授权量	0.103227258	
服务链	资金支持	金融机构贷款数	0.109074593	0.3319
		科研支出占政府一般公共预算支出比例	0.061812527	
	基础设施	铁路、公路、水路货运总量	0.101850547	
		信息设施：上网普及率	0.058965735	

（三）数据来源

本文采用长江中游城市群成立以来，即 2013 年至今武汉、南昌、长沙三城市相关数据，数据主要来自于上述年份三个城市各自的统计年鉴，并参考各城市国民经济和社会发展统计公报。

（四）实证分析

根据上述模型的计算，可以得出长江中游城市群中心城市 2013—2020 年"三链"综合水平和协调发展情况。

1. 长江中游城市群中心城市"三链"综合发展水平

三城市"三链"发展水平可以 2016 年为界，分成两个阶段（表 4-4）。第一阶段（2013-2015 年）："三链"总体上发展水平较低，产业链的发展显著落后于创新链和服务链。第二阶段（2016-）：产业链迅速发展，各链发展水平均得到提升，服务链发展水平虽仍高于其他两链，但"三链"整体上差距缩小，趋于均衡。这一阶段性特征可能和国务院于 2015 年批复同意《长江中游城市群发展规划》有关，该城市群从国家层面得到认可，在一定程度上促进了节点城市发展，并带动了"三链"发展。当年度，武汉和长沙的产业结构服务化指数明显提升，三城市专利申请量也较上年度增加了约 35%。

三城市"三链"发展水平差距较大，并各具特点。作为长江中游城市群核心城市，武汉产业链、创新链、服务链发展水平领先于另外两地。2016 年前，该市产业链落后于创新链和服务链，此后，产业链迅速发展，"三链"趋于均衡，服务链略领先。2020 年，创新链反超服务链，呈现创新链引领服务链和产业链发展的格局。当年度，武汉市的科技投入与科技产出均大幅高于上年。长沙"三链"发展水平居于三城市中位。2016 年前，该市创新链引领其他两链发展，此后，产业链和服务链发展水平提升。截至 2020 年，服务链发展居首、产业链次之、创新链居末。南昌"三链"综合水平较低，发展也比较缓慢，产业链的发展显著落后于另外两地。说明该城市在产业结构合理化和高级化方面还有待提高。

表 4-4　三城市"三链"各年度发展水平

		2013	2014	2015	2016	2017	2018	2019	2020
总体	产业链	0.018955	0.024568	0.038457	0.090039	0.101236	0.114034	0.118147	0.121424
	创新链	0.064601	0.073285	0.076358	0.084788	0.105142	0.117747	0.122028	0.209035
	服务链	0.065337	0.07996	0.08371	0.101866	0.130099	0.154228	0.175195	0.172697
武汉	产业链	0.048818	0.057615	0.072427	0.123758	0.135218	0.148843	0.153876	0.165916
	创新链	0.087931	0.087377	0.076391	0.07383	0.085823	0.111317	0.129568	0.382832
	服务链	0.090082	0.115131	0.108179	0.135214	0.159592	0.181397	0.191981	0.183633

	产业链	0.002222	0.009132	0.030713	0.10958	0.122948	0.126877	0.130871	0.126942
长沙	创新链	0.057272	0.068051	0.078337	0.069331	0.07376	0.079249	0.084072	0.101968
	服务链	0.038513	0.043203	0.052846	0.065302	0.084612	0.101908	0.127471	0.146073
	产业链	0.001754	0.001812	0.005705	0.02632	0.034548	0.056306	0.05872	0.061187
南昌	创新链	0.007659	0.021311	0.023609	0.052344	0.092848	0.082082	0.056457	0.063596
	服务链	0.007343	0.013936	0.017415	0.0248	0.055999	0.079682	0.095456	0.104665

2. 长江中游城市群中心城市"三链"协调发展度

由 2013-2020 年长江中游城市群中心城市产业链、创新链与服务链耦合度计算结果（表 4-5）可知，各城市"三链"之间耦合度除个别年份之外，均在 [0.60，1] 之间，说明"三链"之间具有较强的相互影响，基本处于中级耦合状态。综合来看，武汉"三链"之间的耦合度最高，C 值平均在 [0.79，1] 之间波动，其次是长沙，最后为南昌。

表 4-5　三城市"三链"耦合度（C值）测度结果

	2013	2014	2015	2016	2017	2018	2019	2020
武汉	0.8410141	0.7698324	0.8192669	0.823412	0.8011335	0.8224655	0.8395751	0.6245073
长沙	0.3944329	0.5295377	0.705658	0.7719523	0.788338	0.8281357	0.8754097	0.8694614
南昌	0.6831337	0.4824179	0.6458686	0.6921915	0.6747714	0.8955554	0.7664825	0.7607364
总计	0.605207	0.6059733	0.668985	0.7897635	0.7608889	0.7512719	0.7249692	0.7563607

三城市"三链"协调度自长江中游城市群成立以后，经过了一个从失调到协调逐渐发展的过程（图 4-2）。尽管目前整体上仍然没有达到良好协调，部分城市甚至还处于濒临失调中，但该区域"三链"协调度水平在不断提升，趋势向好。2016 年，武汉"三链"达到勉强协调，带动了三城市整体"三链"协调水平从失调转变为勉强协调。目前，三城市"三链"整体协调度已达到中级协调水平。

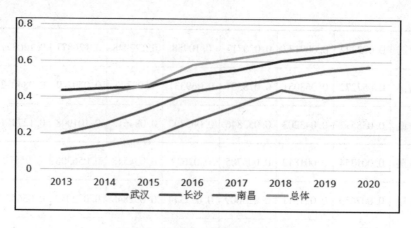

图 4-2　三城市三链协调度趋势图

三城市"三链"协调发展水平具有较大的区域差异，总体发展不均衡（表 4-6）。目前，武汉"三链"已经实现初级协调，长沙进入勉强协调阶段，南昌还处于濒临失调中。武汉"三链"发展基础相对较好，2013 年到 2016 年，该市"三链"虽然没有实现协调发展，但失调程度较低，处于失调到协调的过渡阶段。自 2016 年该市"三链"实现了勉强协调后，2018 年到目前，保持初级协调状态。2018 年以前，长沙市"三链"协调度一直处于稳步改善中，从严重失调逐步发展到濒临失调，于 2018 年实现了勉强协调，截至 2020 年，该市"三链"保持勉强协调中。南昌市的"三链"协调度较差：2016 年前，该市"三链"处于严重失调中，此后开始好转，进入中度失调期，但截至 2020 年还没有实现协调发展，"三链"处于濒临失调中。

表 4-6　三城市"三链"协调度测度结果（D 值）

	2013	2014	2015	2016	2017	2018	2019	2020
武汉	0.4367703	0.4474944	0.4588568	0.5234811	0.5522118	0.6026314	0.6317874	0.6762964
协调程度	濒临失调	濒临失调	濒临失调	勉强协调	勉强协调	初级协调	初级协调	初级协调
长沙	0.1966137	0.2524853	0.3379985	0.4341897	0.4709303	0.5050675	0.5474963	0.5709929
协调程度	严重失调	中度失调	轻度失调	濒临失调	濒临失调	勉强协调	勉强协调	勉强协调
南昌	0.1069887	0.1337081	0.1737249	0.267614	0.351781	0.44192	0.4018042	0.4177903
协调程度	严重失调	严重失调	严重失调	中度失调	轻度失调	濒临失调	濒临失调	濒临失调
Total	0.3920594	0.4218591	0.4687718	0.5802313	0.617148	0.6580397	0.6774306	0.7149529
协调程度	轻度失调	濒临失调	濒临失调	勉强协调	初级协调	初级协调	初级协调	中级协调

（三）结论和建议

1. 结论

运用耦合协调模型，对长江中游城市群中心城市产业链、创新链、服务链协调度进行研究，结论是：（1）从时序特征上看，长江中游城市群的建设促进了中心城市"三链"协调发展，三城市"三链"协调度呈现逐渐上升趋势，经历了从失调到协调发展的转变。但目前的"三链"协调度仍然较低，状况最好的武汉也仅处于初级协调期。（2）从空间特征来看，三个中心城市"三链"发展不平衡，区域差异较大：武汉和长沙已分别实现初级协调和勉强协调，南昌还处于濒临失调中。（3）三个中心城市"三链"发展各有特点，武汉"三链"格局相对更为合理，创新链引领其他两链发展，产业发展动力预期更为强劲。长沙和南昌服务链发展水平领先其他两链，政策和环境等外因带动发展的趋势更明显。

2. 政策建议

针对"三链"协调度现状，长江中游城市群可以从以下方面着手，提高中心城市乃至整个区域的"三链"协调发展水平。

（1）促进各城市内部"产创服"三链协调发展。

各城市应针对产业链、创新链、服务链现存的短板和不足精准施策。三链协调发展的核心是产业链，目标是促进产业高质量发展。因此，应加强产业链主导，强化目标导向，围绕产业链部署创新链和服务链，将科技创新、政策扶持与产业发展需求相结合；在创新链方面，通过外引和内强等各种途径，提升科技创新能力，完善创新成果转化中间环节，使各创新主体与企业紧密合作，对标产业和区域发展需求，为产业链发展提供差异化、精准化服务。重视高等教育和职业教育对创新人才和专业技术人才的培育，使人才培养与人才需求匹配；在服务链方面，完善基础设施建设，加强各环节服务能力，通过政策引导，为创新—产业链发展营造良好生态。

（2）推动城市间实现"产创服"三链协调发展。

城市群应基于一体化的思路，提高全域产业链、创新链、服务链协调度，以促进城市群整体发展。如在服务链上，各城市可以充分利用现代科技力量，破除行政区划樊篱，成立城市群虚拟联合政府，共同制订城市群发展整体规划，完善配套政策，引导本区域实现规划同编、分工同链、交通同网、公共服务同享等高度一体化[①]。科学配置发展要素，减少低水平竞争，实现区域内资源利用效益的最大化；在土地使用、重大基础设施建设尤其是复合性交通体系的建立和社会福利保障等方面，分工协作，合力保障城市群公共产品、

---

① 方创琳. 京津冀城市群协同发展的理论基础与规律性分析 [J]. 地理科学进展，2017，（1）：15-24.

服务供给的数量和质量；在创新链方面，积极进行政策创新，促进科研人员在城市群科研机构和企业之间自由流动，使知识信息能在城市间及时共享；在产业链方面，可以对部分产业或者产业链的部分环节进行城市间梯度转移，使城市群产业互补协同，促使产业结构优化。发挥龙头企业产业链链长作用，减少恶性竞争，共塑区域品牌，做大做强区域优势产业。畅通城市群创新成果产业转化路径，促进产业链创新链多元化融合集聚。如，在方便产业聚集，并有产业优势的区域，针对一体化地区未来将重点发展的产业，各节点城市共同建设创新产业园区和技术飞地，引导企业、科研机构、服务机构入驻，促进产业发展。

"产创服"三链融合：扁平化小城市群产业协同体系构建策略

城市群一体化建设的目的是整合资源要素，促使区域经济和社会发展。产业发展，是经济发展乃至社会发展的着力点。城市群的产业发展是"以城市间产业紧密联系为显著特征的"[1]，这种联系，主要表现为城市间产业协同发展。本文认为，整合城市群产业链（Industry Chain）、创新链（Science and Technology Innovation Chain）、服务链（Service Chain），构建一个基于三链融合的城市群产业协同体系（可简称为IIS体系），是促进城市群产业协同发展的有效路径。

2021年3月，湖北省在《关于推进"一主引领、两翼驱动、全域协同"区域发展布局的实施意见》中，提出了南部三市一州（宜昌、荆州、荆门和恩施土家族苗族自治州，即"宜荆荆恩"）城市群一体化发展的意见，希望该城市群以绿色经济和战略性新兴产业为特色，当好支撑起湖北"建成支点，走在前列"目标的高质量发展动力之翼，成为联结长江中游城市群和成渝双城经济圈的重要纽带。2021年5月，四地联合签订了《宜荆荆恩城市群一体化发展合作框架协议》，开始了一体化的进程。

和京津冀、长江中游城市群等国家级城市群以及苏锡常、长株潭等省级城市群相比，初创的宜荆荆恩城市群（简称为"宜荆荆恩"）表现出以下特点：一是城市群基本呈扁平化或者纺锤形[2]。城市间经济发展水平不存在很大差异，区域性中心城市相对于其他市（州）不具有显著的首位性。二是该城市群总体经济体量较小。三是四个节点城市均为地级市（州），已处于我国城市群建设层级中的基层[3]。这种基层小城市群如果能够建设成功，将对整个区域经济和社会发展起到提振作用，有利于推动形成优势互补、高质量发展的区域经济布局，促进区域协调发展。本文试探索这类城市群建设基于产创服三链融合的产业协同体系面临的挑战及具体路径。

---

① 方创琳，鲍超，马海涛. 2016中国城市群发展报告［M］. 北京：科学出版社，2016：20-26.
② 曹清峰，倪鹏飞. 中国城市体系的层级结构与城市群发展——基于城市全球竞争力、全球联系度及辐射能力的分析［J］. 西部论坛，2020，30（3）：45-56.
③ 郑少峰，黄启，张帅. 我国城市群层级结构研究［J］. 现代城市研究，2015，（02）：104-110.

一、文献述评

（一）产创服三链融合

已有部分学者针对产业链、创新链、服务链的定义，链条间的关系，对产业发展的意义等进行了论述：服务和产品从生产到提供给消费者的过程中形成的一种企业间的协作关系，可以称之为服务链。服务链既可以说是一种由相互链接的产业所组成的产业系统，也可以指不同企业之间以供给与需求为连接纽带的上下游关联组织①。创新链可以简单认定为创新成果从高校、科研院所及企业的研发机构等创新主体向产业双向扩散的链式组织。创新链的实质是以产业链为导向的各创新主体之间的协同研发，其目的是服务于产业链并促进产业链发展壮大。服务链是各种服务单位，通过或紧密或松散的联系而形成的一种供应链②，供应的是产业发展需要的各种服务要素。服务链的节点③既包括服务链的终点——客户，也包括拥有特定服务能力的企业与机构。产业链和创新链之间的关系颇受学界关注，简而概之：产业链与创新链的精准对接形成了创新系统健康、高效运行的内生动力④。创新链对产业链具有能动作用，产业链对创新链具有拉动作用。也有学者论及产业链、创新链、服务链之间的关系，认为可以通过各链之间的相互融合、相互作用来整合创新要素。

（二）城市群产业协同

协同论、博弈论、耗散结构理论和突变论是论及城市群协同时常被被用到的理论。学者们认为，产业协同有显著的空间溢出效应⑤，对产业结构合理化有正向影响⑥，对经济、创新等的影响也往往是正面的⑦。产业存在一定的梯度，产业结构差异性大，产业之间更容易协同；相反，产业相似性高，产业布局不当，产业链条不合理等则对产业协同具有负

① 杨明，林正静. 用创新生态理论和"四链"融合研究建设粤港澳大湾区国际科技创新中心 ［J］. 科技管理研究，2021，（13）：87-93.
② 綦佳，王海燕，宗刚. 服务链理论 ［J］. 北京工业大学学报（社会科学版），2006，6（04）：22-25.
③ 王蕊，刘琳. 服务链理论视域下的高校图书馆社会化服务现状分析 ［J］. 兰台内外，2019，（12）：51-55.
④ 吴绍波，龚英，刘敦虎. 创新链：知识创新链视角的战略性新兴产业协同创新研究 ［J］. 科技进步与对策，2014，31（1）：50-54.
⑤ 金浩，刘肖. 产业协同集聚、技术创新与经济增长——一个中介效应模型 ［J］. 科技进步与对策，2021，（6）：46-53.
⑥ 夏后学，谭清美，商丽媛. 非正式环境规制下产业协同集聚的结构调整效应——基于 Fama-Macbeth 与 GMM 模型的实证检验 ［J］，软科学，2017，（4）：9-14.
⑦ 蔡海亚，徐盈之，赵永亮. 产业协同集聚的空间关联及溢出效应 ［J］. 统计与决策，2021，（10）：111-115.

面影响。此外，影响产业协同的因素至少还包括：利益无法共享、区域封锁、行政壁垒以及管理思维滞后，以及过度依赖顶层设计和政府行政力量等。有部分学者对某些城市群产业协同程度，发展水平进行了衡量，提出了一些对产业协同进行测定的指标。综合这些测度，可以认为，我国相当一部分正在建设的城市群，产业协同仍处于偏初级的阶段。产业协同发展的困境、战略定位和路径等，也越来越受到学界关注。有人提出，产业协同发展需要建立均衡、高效、可持续的分工与合作体系。通过建构科学的产业体系，合理的利益分配机制等，在政府和市场两只手的作用下，形成一体化的市场格局，来实现产业协同。

综观近五年对城市群产业协同的研究，可以发现，一方面，目前的研究主要集中在京津冀、粤港澳等国际级或者国家级城市群上，对较小层级，尤其是地市级城市群的产业协同关注较少。另一方面，对产业协同体系建设的具体路径论述也不多，更鲜有人从产业链、创新链、服务链融合的角度论及产业协同体系的构建。而这些问题，正是本文论述的重点。

二、IIS 体系理论框架及运作机制

党的十九大报告提出"着力加快建设实体经济、科技创新、现代金融、人力资源协同发展的产业体系"，据此付保宗、周劲对产业体系的内涵、特点等进行了比较详细的论述，认为产业体系事实上是一个各要素彼此协同的系统。受这一思路启发，我们认为，城市群可以基于一体化的思路，整合物质基础、劳动力、金融资本等服务要素（服务链），科学、技术、知识等创新要素（创新链），以实体经济（产业链）为核心，构建产业链、知识链、创新链紧密融合，城市与城市之间高度协作的城市群产业协同体系（图4-3），促进产业发展。

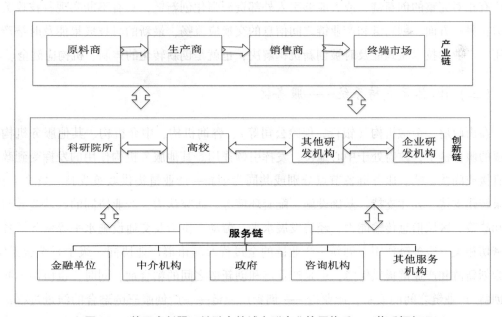

图4-3 基于产创服三链融合的城市群产业协同体系-IIS 体系框架

（一）IIS 体系核心系统——产业链

原材料供应商、生产商、经销商、终端市场等组成了产业链自上而下的几个关键节点，各节点之间的相互关系，构成了产业内部的基础生态环境，可以称之为城市群产业协同三级子系统，这是城市群产业发展的核心，也是城市群产业协同的基础。城市群产业间如果具有梯度性、差异性，被认为是最有利于产业协同发展的。梯度和差异使城市群之间的产业互补，方便城市群之间产业链对接，错位竞争。相反，产业之间相似性，同构性较高的城市群，产业协同会面临挑战。此时，只有摒弃恶性竞争，地域合理分工，才能够实现协同。基于此，可以把城市群产业协同分为三种：互补协同、竞合协同，以及只进行资金、技术、人才等投入的要素协同。

（二）IIS 体系动力系统——创新产业链

由科研院所、高校、企业研发机构及其他研发机构组成的创新链，则表现出一种相对松散的横向关系，并与产业链各节点以及整个产业链本身发生双向的信息交流，形成一种相互促进相互融合的协同活动。这种协同活动一方面会对产业链整体效益的增长起正面作用，另一方面，也会促使创新链上相对自由的节点发挥出更大的创新动能。产业链和创新链的相互协同，构成了产业发展更大范围的生态环境，即创新—产业链，或城市群产业协同二级子系统。多个不同的创新—产业链或不同城市的同一创新—产业链也会产生相互作用，这些创新产业链及其相互活动，可以称为城市群产业协同一级子系统。一方面，城市群应有相对完整的创新链，或者能够引入外部资源强化创新链，具有不断实现科技攻关的能力；另一方面，创新链和产业链之间信息的交换应流畅，最新的科技成果能及时被产业采用，产业的技术瓶颈能及时被创新机构解决，也就是创新转化的体制、机构应健全。

（三）IIS 体系支持系统——服务链

在由政府、金融机构（银行、保险公司等）、咨询机构、中介机构、其他服务机构等组成的服务链中，政府处于中心地位，发挥引领作用。其他服务机构作用的发挥受到政府的直接或间接影响。服务链各节点分别或共同为创新—产业链提供政策支持、资金支持、成果转化支持、人才支持、基础设施、配套环境等。研究认为，产业协同的区域差异与制度和政策、区域信息传输能力、经济发展水平、劳动力供给及交通设施水平等服务链各因素密切相关。服务链作用于创新—产业链的全过程及城市群产业协同一级子系统全系统，既为创新链和产业链提供保障，也是产业链和创新链之间的粘合剂，同时，也协调不同城市创新-产业链之间的关系。产业链——创新产业链——产创服三链融合的演进过程，逐步实现了产业链、创新链、服务链的紧密融合，完成了基于产创服三链融合的城市群产业协同体系构建。系统和系统之间，子系统和母系统之间良性、积极的互动，成为城市群产业协同发展的基本机制和内在动力。

三、激励和阻碍：宜荆荆恩城市群建设 IIS 体系现状分析

（一）宜荆荆恩产业链现状

1. 产业发展存在一定梯度性

宜荆荆恩城市群虽然整体上表现出扁平化，但四地产业发展还是存在一定梯度性，为区域产业合作提供了驱动力和发展空间。

从图 4-4 和图 4-5 可见，区域性中心城市宜昌的经济发展状况高于其他三地。

除了第一产业，其他指标几乎均是排第二位的荆州的 2 倍；恩施地区生产总值明显落后于另外三地，第二产业滞后最为明显。从第一、第二、第三产业比重看，和另两地相比，恩施和宜昌的高级化程度相对高一点：恩施第三产业比重远高于第一、第二产业，宜昌第一产业比重已降到个位数。

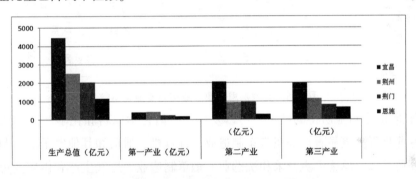

图 4-4　宜荆荆恩城市群 2019 年部分经济指标比较

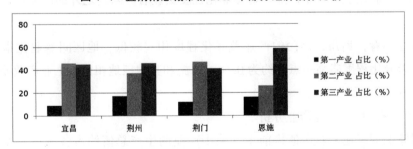

图 4-5　宜荆荆恩各城市 2019 年产业结构图

2. 产业整体相似性高

（1）宜荆荆恩地区间产业相对专业化分析

地区之间工业结构差异程度，可以采用地区间专业化指数来衡量，下式可以用来计算

地区间产业相对专业化指数：

$$K_{ij} = \sum_k |s_i^k - s_j^k| s$$

其中，$s_i^{\bar{k}} = \sum_{j \neq i} E_i^k / \sum_k \sum_{j \neq i} E_i^k$，$s_i^k = / \sum_k E_i^k$，i，j，k 分别表示地区 i，地区 j，行业 k，E_i^k 为地区 i，行业 k 的工业总值。k_{ij} 的值阈一般为 0-2，数值越大，表明地区间工业结构的差异越大。利用该公式对宜荆荆恩工业产业进行分析，可以发现（图 4-6）：

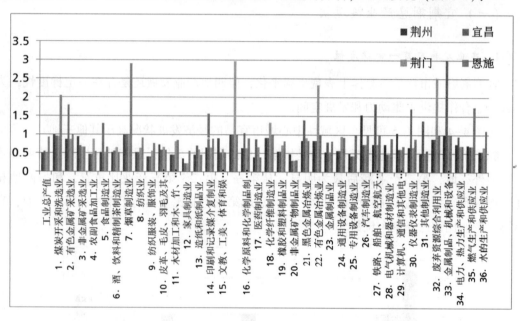

图 4-6　宜荆荆恩工业产业相对专业化指数

综合分析 36 个行业所得的结果，可以发现：宜昌化学原料和化学制品制造业等 8 个产业相对专业化程度更显著；荆州汽车制造业、计算机、通信和其他电子设备制造业相对专业化程度更显著；恩施煤炭开采和洗选业、烟草制造业、燃气生产和供应业更显著；荆门废弃资源综合利用业等 4 个产业相对专业化程度更显著。除此之外的产业地区间专业化程度不显著。

从地区总体看，荆州、荆门的产业差异化程度相对较低，地区间专业化指数均约为 0.49，宜昌差异化程度略高一点，约为 0.56，恩施和其他三地相比，工业产业差异化程度最高，约为 0.93。

（2）宜荆荆恩优势工业产业分析

通过对宜荆荆三地工业产值排前十（前十产业的生产总值约占各城市工业总产值的 80%），恩施工业产值排前七（恩施工业体量整体较小，只选前七）的行业进行分析，可以发现，宜荆荆恩四地优势产业部分相同，如农副产品加工业、非金属矿物制品业为四地共同的优势产业，而化学原料和化学制品制造业是宜昌、荆州、荆门的优势产业，酒、饮料和精制茶制造业是宜昌、荆州、恩施的优势产业等（图 4-7）。

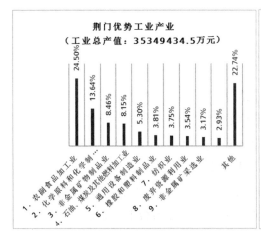
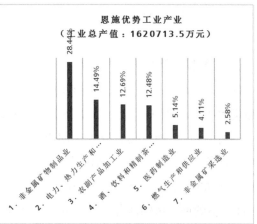
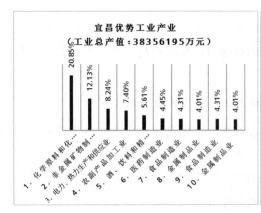
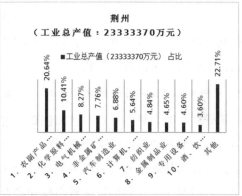

图4-7　宜荆荆恩优势产业分析

当然，区域共有的优势产业，在各地的发展并不平衡。如就农副产品加工业而言，荆门的相对专业化指数最高，约0.89；而化学原料和化学制品制造业，宜昌的相对专业化指数达到1.05，和其他三地相比具有显著的差异性。

从对四地工业产业的相对专业度及优势产业分析可以看出：四地产业间虽各具特色，但整体存在一定相似度。产业的相似带来竞争，以磷化工产业为例：

宜荆荆的磷化工产业在湖北乃至全国都占有一定地位。三城市化学原料和化学制品制造业企业个数约占湖北省的30%，当年工业总产值和主营业务收入均约占湖北省的40%，全部从业人员年平均人数约占湖北省的43%，三市的磷肥产量约占全国的15%，尤其是宜昌的磷肥产量，占全国的10%强。

三地磷化工产业在低端产业链上进行着主要依赖于低端产品的低水平竞争：三地各自的磷化工产业几乎均涉及全产业链，产品类似，没有形成地区分工，下游产品主要集中在附加值低、污染重的化肥模式上，在磷矿产品精深加工、综合利用方面不足。怎样调整产业布局，合理分工，并实现产业链的升级换代，是该城市群在这一优势领域面临的重大挑战。

（二）宜荆荆恩创新链现状

1. 宜荆荆恩创新链整体偏弱

宜荆荆恩城市群创新链发展不均衡。据相关研究，虽然宜昌的科技创新发展指数以及创新资源指数（创新人才、研发经费）、创新绩效指数（科技产出、经济发展、绿色发展、辐射引领）、创新服务指数（创业服务、金融服务）高于全国均值，但其他三市的这三项指标低于全国均值。单从能反映创新绩效的专利申请数量来看，2019 年，宜昌市累计授权专利 7093 件，约为另外三地的总和。荆州市 3674 件，荆门市 2607 件，恩施州仅为762 件，不到荆州市的四分之一。同时，该区域整体创新环境指数低于全国均值，在政策支持和教育、信息化的投入上，相对落后。

该区域没有双一流大学，高校和高规格科研机构数量偏少。创新机构数量和质量上的弱势影响区域创新能力，事实上，该区域科技创新能力最强的宜昌，基本上也是以模仿创新为主，原始创新所占的比例较小。

2. 宜荆荆恩产业-创新链融合基础——高校专业和优势产业匹配度分析

产学研联系能力是衡量产业链和创新链融合效率的指标之一，企业与大学或者科研机构的项目合作型互动可以反映产学研联系能力，而高校专业和优势产业的匹配，是企业和大学项目合作的基础。通过对宜荆荆恩产业和该区域高校 2021 年专科及以上招生专业进行对比，可以发现，宜荆荆恩区域高校和产业的合作有基础，也有挑战。

（1）该区域高校所开设专业基本契合优势产业发展状况。化工产业是宜荆荆优势产业，该城市群约有一半高校开设有相关课程；旅游业是宜昌和恩施的优势产业，两地 6 所高校里共有 5 所开设旅游相关专业；宜昌是三峡大坝所在地，"电力、热力生产和供应业"也是该市优势工业产业，该市有两所高校开设类似专业，其中一个还是国家重点专业。

（2）荆州部分高校立足于区域未来发展，对新兴产业给与了关注，如新能源汽车、大健康产业等。但其他地区高校对区域产业未来发展关注度还有待提高。如集成电路产业、智能制造产业、生物制药、新能源和新材料等领域未来会成为宜昌市产业发展的重要着力点，但宜昌涉及相关专业的高校数量不多。

（3）高端人才培养不足。该地区高校硕士点不多，博士点相对匮乏，高层次人才培养无法满足产业需要。如宜昌的磷化工产业，高端人才基本依赖于外地引进。

（三）宜荆荆恩服务链现状分析

1. 宜荆荆恩城市群空间可达性尚需改善

空间上的可达性对城市群产业协同具有重要影响。宜荆荆恩城市群交通网络基本完备：比如荆州、宜昌、恩施三市，地处湖北长江经济带的发展主轴上，水陆交通设施完善。荆门和荆州紧邻，距离短、交通方便。但是，该城市群现有的交通设施主要是东西向的，南北向交通设施相对不足。同时，城市群外围交通网络尚不完善，城市群和外界的连通性还需加强。

2. 政府间互动已积极开展，成效尚需观察

政府间达成共识并对城市群进行统一规划是城市群产业协同体系建设的重要保障。目前，四地已采取了积极的行动：签订了相关合作协议、形成了一些制度性成果，初步搭建了部分合作平台，并开始筹划重大项目。当然，由于该城市群建设刚刚起步，很多政策尚属于探索阶段，其成效尚需观察。

四、宜荆荆恩城市群 IIS 体系构建策略

通过对上述激励因素和阻碍因素的分析，可以发现，宜荆荆恩城市群建设 IIS 体系有优势也有挑战。该城市群可以从以下方面发挥优势，破解难题，成功构建 IIS 体系，实现产业协同，助力一体化地区经济和和社会发展。

（一）政策协同与制度创新——IIS 体系支持系统构建

政策协同处于区域协同的顶层，是产业协同的必要支持条件。产业协同体系的形成，首先需要政府间达成共识，在做顶层设计时，解放思想，创新制度。

1. 规划同编

四地共同制订宜荆荆恩城市群发展整体规划，完善配套政策，引导本区域实现规划同编、分工同链、交通同网、公共服务同享等高度一体化。科学配置发展要素，减少低水平竞争，实现区域内资源利用效益的最大化。

2. 分工协作

在土地使用、重大基础设施建设尤其是复合性交通体系的建立和社会福利保障等方面，政府间应分工协作，合力保障城市群公共产品、服务供给的数量和质量。

3. 一体化行政

破除行政区划的樊篱，创造性地做好服务工作。如几地重要部门可以合署或在线一站式办公，充分利用现代科技的力量，简化办事流程，远程行政审批，为产业发展提供便利。

4. 政策创新

通过财政、金融、税务、人才政策等调节手段创新，引导产业链升级换代。一方面，

立足于区域未来发展，发展战略性新兴产业；另一方面，使现有的部分粗放型、资源浪费型、环境污染型优势产业向精细型、资源节约型、生态型产业转型。

（二）外引和内强——产业协同体系动力系统构建

1. 多渠道提高创新能力

加大对本地高校、科研院所等创新机构的资金、人才等投入，提高创新机构的水平和规格。吸引人才，实现科研人员的集聚，增强创新能力，尤其是增强本地迫切需要升级产业的技术攻关能力。

本土创新系统应加强和外部创新系统的信息交换，积极承接武汉或其他创新实力强的地区的知识外溢。出台相关优惠政策以引入外援，吸引省内外知名科研机构来本地建设"技术飞地"，和省内外专家一起共建实验室等。

2. 引导各节点城市创新链融合发展

通过鼓励科研人员带项目离岗创业、完善事业编制人员借调机制、解决多点执业社保缴费等问题，实现科技人员在城市群科研机构和企业之间的自由流动；积极为四地科研人员之间交流搭建平台，促进知识信息在四地的及时共享。

3. 畅通创新成果产业转化路径

对四地孵化器、中试车间、专利代理中介等机构进行评估，检讨类似科研转化机构的数量和质量是否满足科研转化的需要。数量不够就新建，质量不足就整顿。

4. 促进产业链创新链多元化融合集聚

首先，共建创新产业园区，优先发展重点产业。在方便产业聚集，并有产业优势的区域，针对一体化地区未来将重点发展的产业，四地可共同建设创新产业园区，通过政策倾斜，引导四地企业、科研机构、服务机构入驻，促使产业共生创新，扩大区域产业影响力。

其次、扶持有发展潜力的现有产业集聚区。对现有的，靠市场驱动自发形成的，已初具规模的产业集聚区，合理规划，完善功能，引入创新激励，促使产业集聚区焕发更大活力。

再次，利用现代信息技术，实现远程集聚。对于不方便或暂时无条件直接进行空间集聚的产业，企业间与创新机构间可以建设远程协作网络平台，实现虚拟集聚，共克技术难题。

（三）分工与协作——产业协同体系核心系统构建

1. 产业转移，实现区域产业互补协同

宜荆荆恩城市群经济发展不均衡，工业地价、劳动力工资水平存在差异，可以对部分产业或者产业链的部分环节进行梯度转移，使地区间产业能够互补，促使地方经济结构优化和经济协同发展。

2. 地区分工，实现区域产业竞合协同

因为要各自接受经济社会发展的业绩考评，宜荆荆恩各城市间事实上存在一定的竞争关系，尤其是部分优势产业雷同，争资源、争政策、争市场的行为以往并不鲜见。针对这类竞争性的产业，地区间可以相互妥协，合理分工，划分各自"势力范围"，协力塑造区域共同品牌，扩大区域产业影响力，使区域产业从价值链低端（装配、包装等）向高端突破（研发、品牌等），实现共赢，达到竞合协同，使城市群形成整体有高竞争力产业链，各地有重点产业链环节的"主体突出，特色鲜明"的分工合作格局。

3. 多中心辐射，实现区域产业要素协同

区域性中心城市对周边城市的产业协同有积极作用。宜昌在经济总量、创新链建设上基本都优于另外三地，宜荆荆恩城市群可以利用这一领先优势，发挥创新要素从中心城市向次中心城市的外溢效应。但同时，这四个城市之间的发展水平不存在质的差异，宜昌与荆州荆门恩施之间，并不构成完全的中心与非中心的关系。因此，四个城市之间可以进行多中心网络化的互相辐射，通过资金、人才、信息的彼此分享和交流，实现要素协同，提高整个一体化地区的产业发展水平。

参考文献

[1]何会文,周杰,夏文超.会议策划人(MP)研究述评[J].旅游学刊,2012,27(1):100.

[2]刘丽娜,张倩湄.项目策划人才的社会需求调查与分析[J].中国市场,2016,(09):98+102.

[3]毕钰燕.公民网络隐私权的相关问题研究[J].法制博览,2022,(10):36-38.

[4]高宏存.网络文化内容监管的价值冲突与秩序治理[J].学术论坛,2020,43(04):82-88.

[5]刘宇潇,周宗奎.网络疑病症与青少年心理健康:不安全感的中介作用[C]//中国心理学会.第二十三届全国心理学学术会议摘要集(上).青少年网络心理与行为教育部重点实验室;,2021:2.DOI:10.26914/c.cnkihy.2021.041984.

[6]孙和生.网络沉溺的生成机制及社会对策[J].考试周刊,2012,(91):117-118.

[7]莫祖英,马费成.网络环境下信息资源质量控制的博弈分析[J].情报理论与实践,2012,35(08):26-30.

[8]虞璐.基于互联网思维的高校思想政治教育工作创新路径探析[J].科教文汇(上旬刊),2020,(22):43-44.

[9]王利萍."互联网+"时代高校思想政治教育的挑战与创新路径[J].吕梁学院学报,2020,10(06):56-59.

[10]武鹏坤,靳小三."互联网+"时代高校网络思政教育工作有效性研究——评《"互联网+"视域下大学生思想政治教育创新研究》[J].中国科技论文,2022,17(01):129.

[11]王岑.互联网与传播媒介的嬗变[J].中共福建省委党校学报,2004,(10):77-81.

[12]张晓冰.论网络传播的监管难度及应对之策[J].新闻知识,2004,(09):55-56+26.25、

[13]李晨熙.互联网时代传媒人在网络文化传播中的"守门人"作用研究[J].新闻研究导刊,2019,10(23):99-100.

[14]李文玉.浅谈网络传播新闻自由的现状及管理对策[J].传播力研究,2019,3(18):268.

[15]刘俭云.虚拟世界的深邃和传播秩序的逐步建立[J].编辑之友,2005,(03):69-70.

[16]赵丰华.网络实时动态图像信息智能过滤系统设计[J].计算机测量与控制,2018,26(02):232-235.

[17]钟瑛,刘海贵.网站管理规范的内容特征及其价值指向[J].新闻大学,2004,(02):82-85.

[18]陆晔.社会控制与自主性——新闻从业者工作满意度与角色冲突分析[J].现代传播,2004,(06):7-11+16.

[19]冯必扬.社会风险:视角、内涵与成因[J].天津社会科学,2004,(02):73-77.

[20]郭月平,许明智.通用版工作倦怠量表的编制及信效度研究[J].中国全科医学,2017,20(33):4167-4173.

[21]车云鹤,廖寿喜.浅谈电视新闻采编的人文关怀[J].新闻传播,2016,(17):116-117.

[22]陈晓华.中国近代报刊史上的一座里程碑——论辛亥革命时期的妇女报刊[J].社会科学研究,2003,(06):153-156.

[23]周昭宜.中国近代妇女报刊的兴起及意义[J].河北师范大学学报(哲学社会科学版),1997,(01):114-117.

[24]李九伟.革命前驱报坛女杰——秋瑾、陈撷芬研究[J].出版史料,2004,(02):95-99.

[25]赵继红.清末京华报界对北京下层社会的文化启蒙——以《北京女报》为例[J].现代传播,2004,(02):130-132.

[26]何黎萍.论中国近代女权思想的形成[J].中国人民大学学报,1997,(03):87-93+130.

[27]张春晖,白凯.乡村旅游地品牌个性与游客忠诚:以场所依赖为中介变量[J].旅游学刊,2011,26(02):49-57.

[28]李洋,唐远清.公共新闻崛起的背景与前景[J].当代传播,2004,(06):36-40.

[29]孟建,刘华宾.对"电视民生新闻"现象的理论阐释——以安徽电视台《第一时间》栏目为例[J].中国广播电视学刊,2004,(07):22-24.

[30]刘丹凌.浅议民生新闻的泛化现象[J].电视研究,2005,(02):35-36.

[31]郑宇飞.基于非物质文化遗产视角的屈原文化旅游开发对策研究[J].经济研究导刊,2009,(32):76-77.

[32]杨崇君,贺宵,赵雪情.节事活动与城市形象——以中国优秀旅游城市宜昌为例[J].旅游纵览,2013,(07):143.

[33]赵雪情、余远国,浅论城市形象的传播——以全国优秀旅游城市宜昌为例[J].市场论坛,2015,(06):15

[34]马海群.我国网络信息立法的内容分析[J].图书情报知识,2004,(03):2-6.

[35]刘康.试论网络宣传者的界定与分类[J].探索,2004,(06):102-104.

[36]刘锵.情感——记者新闻活动的重要心理能量[J].新闻前哨,2001,(04):12-13.

[37]宋琦,李子晗.当代职场女性服装形象设计探究[J].艺术研究.2021,(03):143-145.

[38]孙久文,姚鹏.京津冀产业空间转移、地区专业化与协同发展——基于新经济地理学的分析框架[J],南开学报(哲学社会科学版),2015,(1):81-89.

[39]张晗,舒丹.京津冀产业协同的影响因素研究[J].金融与经济,2019,(03):87-90.

[40]赵霄伟.京津冀产业协同发展:多重困境与韧性应对[J].区域经济评论,2020,(06):71-79.

[41]杨秀瑞,栗继祖.京津冀产业协同发展障碍因子诊断及对策研究——基于系统论视角[J].经济问题,2020,(10):31-37.

[42]张杰,郑若愚.京津冀产业协同发展中的多重困局与改革取向[J].中共中央党校学报,2017,(8):37-48.

[43]韩清,张晓嘉,徐伟强.中国工业产业协同集聚的测量及其影响因素分析[J].上海经济研究,2020,(10):P85-108.

[44]魏丽华.京津冀产业协同水平测度及分析[J].中国流通经济,2018,32(7):126-128.

[45]吴爱芝,李国平,张杰斐.京津冀地区产业分工合作机理与模式研究[J].人口与发展,2015,21(6):19-29.

[46]吕可文,苗长虹,王静,等.协同演化与集群成长——河南禹州钧瓷产业集群的案例分析[J].地理研究,2018,(7):1320-1333.

[47]刘戒骄.京津冀产业协同发展的动力来源与激励机制[J].区域经济评论,2018,(06):22-28.

[48]周京奎,龚明远,张朕.京津冀产业协同发展机制创新研究[J].长白学刊,2019,(2):95-103.

[49]孙彦明.京津冀产业协同发展的路径及对策[J].宏观经济管理,2017,(9):64-69.

[50]孙久文,卢怡贤,易淑昶.高质量发展理念下的京津冀产业协同研究[J].北京行政学院学报,2020,(6):20-29.

[51]付保宗,周劲.协同发展的产业体系内涵与特征——基于实体经济、科技创新、现代金融、人力资源的协同机制[J].经济纵横,2018,(12):23-33.

[52]祝尔娟.京津冀一体化中的产业升级与整合[J].经济地理,2009,(6):881-886.

[53]国子健,钟睿,朱凯.协同创新视角下的区域创新走廊——构建逻辑与要素配置[J].城市发展研究,2020,27(2):8-15.

[54]陈曦,朱建华,李国平.中国制造业产业间协同集聚的区域差异及其影响因素[J].经济地理,2018,(12):104-110.

[55]林秋彤.中国(湖北)自由贸易试验区宜昌片区创新能力研究[J].湖北经济学院学报(人文社会科学版),2019,(10):39-41.

[56]张曼,菅利荣.高技术产业产学研协同创新效率研究——基于行业的动态分析[J].当代经济管理,2021,(03):25-33.

[57]魏然.产业链的理论渊源与研究现状综述[J].技术经济与管理研究,2010,(6):140-143.

[58]彭娟娟.因特网的负面效应及其消解对策研究[D].合肥:安徽医科大学,2010.

[59]伍冠宇.利用网络编造传播虚假信息犯罪防控对策研究[D].北京:中国人民公安大学,2023.

[60]陈秀丽.网络媒体软性控制方式研究[D].成都:电子科技大学,2008.

[61]宋小旭.餐饮门店服务人员个人形象对顾客满意度的影响[D].重庆:西南大学.2016:2.

[62]李小永.游客视角的乡村旅游地主观同质化[D].西安:陕西师范大学,2021.

[63]杨强,事件旅游的基础理论及城市事件旅游研究[D].成都:四川大学,2004.

[64]熊澄宇.信息社会4.0——中国社会建构新对策[M].长沙:湖南人民出版社,2002.

[65]戴元光,吴信训.新闻传播新视点[M].北京:学林出版社,2003.

[66]谢新洲,周锡生.网络传播理论与实践[M].北京:北京大学出版社,2004.

[67]徐小鸽.新闻传播学原理与研究[M].桂林:广西师范大学出版社,1996.

[68]德弗勒.大众传播通论[M].北京:华夏出版社,1989.

[69]张迈曾.传播学引论[M].西安:西安交大出版社,2002.

[70]郭庆光.传播学教程[M].北京:中国人民大学出版社,2001.

[71]田胜立,等.网络传播学[M].北京:科学出版社,2001.

[72]吴廷俊,等.信息时代的传播学[M].北京:新华出版社,2002.

[73]邵培仁.20世纪中国新闻学与传播学——宣传学和舆论学卷[M].上海:复旦大学出版社,2002.

[74]匡文波.网民分析[M].北京:北京大学出版社,2003.

[75]Strinati D. An introduction to studying popular culture[M]. Routledge, 2014.

[76]李银河.女性权力的崛起[M].北京:中国社会科学出版社,1997.

[77]吴文虎.传播学概论[M].武汉:武汉大学出版社,2005.

[78]李良荣.新闻学概论[M].上海:复旦大学出版社,2005.

[79]健雄,查克林.宣传艺术与技巧[M].成都:西南交通大学出版社,1990.

[80]肖·阿·纳奇拉什维里.宣传心理学[M].金初高译,北京:新华出版社,1984.

[81]顾作义.宣传技巧[M].广州:广东省人民出版社,1992.

[82]池田德真.宣传战史[M].朴世俣译,北京:新华出版社,1984.

[83]童兵.理论新闻传播学导论[M].北京:中国人民大学出版社,2000.

[84]王春泉.实用新闻写作[M].西安:西北大学出版社,1995.

[85]中国修辞学会.修辞的理论和实践[M].北京:语文出版社,1990.

[86]刘家林.中国新闻通史[M],武汉:武汉大学出版社,2005.

[87]Littlejohn S W, Foss K A. Theories of human communication[M]. Illinois:Waveland Press, 2010.

[88]金正昆.社交礼仪教程[M].北京:中国人民大学出版社,1998(12):10;

[89]李荣建,王旭.酒店服务礼仪教程[M].北京:中国传媒大学出版社,2015,(05):23.

[90]李俊,赵雪情.旅游服务礼仪[M].武汉:武汉大学出版社,2013.

[91]徐仙娥,龚小琴.农家乐经营与管理[M].北京:中国农业科学技术出版社,2010.

[92]徐仙娥,龚小琴.乡村旅游经营与管理[M].北京:中国农业科学技术出版社,2010.

[93]楼世娣.旅游心理学[M],郑州:郑州大学出版社,2006.

[94]程希岚.修辞学新编[M].长春:吉林人民出版社,1984.

[95]王忠林,王志彬.修辞与写作[M].呼和浩特:内蒙古教育出版社,1982.

[96]沈刚,吴雪飞.旅游策划实务[M].北京:清华大学出版社,2008.

[97]丹尼斯·麦奎尔,斯文·温德尔.大众传播模式论[M].祝建华译,上海:上海译文出版社,1997.

[98]林之达.宣传科学纲要[M].成都:四川省社会科学院出版社,1988.

[99]匡文波.网络媒介概论[M].北京:清华大学出版社,2001.

[100]闵大洪.数字传媒概要[M].上海:复旦大学出版社,2003.

[101]何梓华.新闻理论教程[M].北京:高等教育出版社,1999,12.

[102]刘京林.大众传播心理学[M].北京:北京广播学院出版社,1999,2.

[103]戴维·丰塔纳.驾御压力[M].邵蜀望译,北京:三联书店,1996.

[104]刘京林.新闻心理学概论[M].北京:北京广播学院出版社,1999.

[105]关成华,赵峥.中国城市科技创新发展报告2020[M].北京:科学技术文献出版社.2012,(04).

[107]陈国亮,袁凯,徐维祥.产业协同集聚形成机制与空间外溢效应研究[M].杭州:浙江大学出版社,2020,(12):167.

[108]曹诗图.对宜昌城市文化定位的思考[N].宜昌日报,2005-01-22(4).